Ewald Kleiner

Winterharte Sukkulenten: Kakteen, Hauswurz, Mauerpfeffer...

Kosmos
Gesellschaft der
Naturfreunde
Franckh'sche
Verlagshandlung
Stuttgart

25 Farbfotos von Burda (1), H. Fuchs (1) und E. Kleiner (23)
9 Schwarzweißzeichnungen nach Vorlagen des Verfassers von Dr. J. Dittmar

Umschlaggestaltung von Edgar Dambacher unter Verwendung eines Dias von Ewald Kleiner

Bild 1. Troggärten zum Verlieben: Zu farblich abgestimmten Hauswurzen und teilweise blühenden *Sedum* gesellen sich blatt- und blütenschöne nichtsukkulente Kleinstauden. Foto Burda

CIP-Kurztitelaufnahme der Deutschen Bibliothek

Kleiner, Ewald:
Winterharte Sukkulenten: Kakteen, Hauswurz, Mauerpfeffer . . . / Ewald Kleiner. — Stuttgart : Franckh, 1985.
(Kosmos-Florarium in Farbe)
ISBN 3-440-05544-2

Franckh'sche Verlagshandlung, W. Keller & Co., Stuttgart / 1985

Printed in Italy / Imprimé en Italie / LH 14 Ste
ISBN 3-440-05544-2
Satz: F.-M. Stephan, Stuttgart
Herstellung: Grafiche Muzzio, Padua

Winterharte Sukkulenten: Kakteen, Hauswurz, Mauerpfeffer . . .

Vom Zauber eines Sukkulentengartens

Eine eigenwillige Welt bilden sie, die Freilandsukkulenten. Viele von ihnen sind erst zu Anfang dieses Jahrhunderts bekannt geworden, ihre Ausbreitung blieb in den Wirren der beiden Weltkriege hängen. Seit über 20 Jahren ist das Interesse für diese heimlichen Gartenschätze aber größer geworden. So gesellt sich nun zu den bekanntesten, vielfach der mitteleuropäischen Gebirgsvegetation entstammenden *Sedum-* und *Sempervivum-*Arten, eine inzwischen recht groß gewordene Anzahl von Pflanzen aus allen Teilen der Welt.

Ihre angeborene Anspruchslosigkeit macht viele von ihnen zu beliebten Gartenbewohnern. Oft gedeihen sie noch an Plätzen, wo andere Pflanzen längst versagen. Sie entfalten sich den Sommer über zu blatt- und blütenschönen Pflanzengebilden, die einen Hauch von Urwelt oder mindestens Exotik verbreiten. Mit ihnen kommen die Insekten in den Garten: Bienen, Hummeln, Schmetterlinge. Auch Eidechsen finden hier ein neues Zuhause. Im Winter hüllt eine Schneedecke sie schützend ein. Doch den widerstandsfähigen Arten können Wetterextreme nichts anhaben, sie entstammen Regionen mit harten Wintern. Andere dagegen benötigen etwas Individualpflege. Liebhaber der Freilandsukkulenten nehmen dies aber gerne in Kauf, denn letztlich ist ein nicht alltäglicher Garten, und sei er noch so klein, der schönste Lohn für alle Mühe.

Bild 2. Jede, auch die kleinste Gartenecke kann mit farbenfrohen Vertretern der vielgestaltigen Hauswurzen zum auffallenden Blickfang werden. Foto E. Kleiner

Freilandsukkulenten – woher sie kommen

Ihre Heimat liegt meist in den Gebirgsregionen oder Trockengebieten unserer Erde. Sonne und Hitze, aber auch Regen, Schnee und Kälte gehören zu ihrer Umwelt. Wer dort überleben will, muß sich anpassen können. Neben Gräsern, hartblättrigen oder einziehenden Stauden, Knollen- und Zwiebelgewächsen, stachligen Sträuchern und tiefwurzelnden Bäumen sind es vor allem jedoch Sukkulenten, viele Dickblattgewächse und eine Reihe von Kakteen, die erstaunlich widerstandsfähig sind. Man nennt sie Lebenskünstler und leitet davon ihre überwiegende Anspruchslosigkeit in unseren Gärten ab.

Das Geheimnis winterharter Sukkulenz

Was läßt so viele »Dickhäuter« unter den Pflanzen in unserem Klima zu richtigen Lebenskünstlern werden? Da ist einmal ihre angeborene Sukkulenz, die Fähigkeit also, Wasser für Trockenzeiten zu speichern; dann der Zellsaft, der sich bei abnehmender Temperatur konzentriert und verdickt, so daß die Pflanzen schrumpfen. Wie Untersuchungen ergaben, wird durch Sonnenlicht die CO_2-Assimilation so begünstigt, daß eine Überproduktion von Zucker entsteht. Wird aber durch tiefere Temperaturen dessen Umwandlung in Stärke verhindert, so konzentriert sich der Zellsaft, und die Widerstandsfähigkeit gegen Kälte erhöht sich erheblich. Graue, braune, rote und violette Farben verdrängen dann das frische, pralle Aussehen der Pflanzen.

Ein wichtiger Klimafaktor ist der Schnee, da er die Pflanzen vor dem Erfrieren schützt. Doch mangelt es in tieferen Lagen oft an einer zusammenhängenden Schneedecke, und Sonne und Regen wechseln mit starken Frösten. Manche Sukkulenten lassen sich dadurch jedoch nicht zur Winterruhe zwingen, sondern verlangen Trockenheit und Schutz vor star-

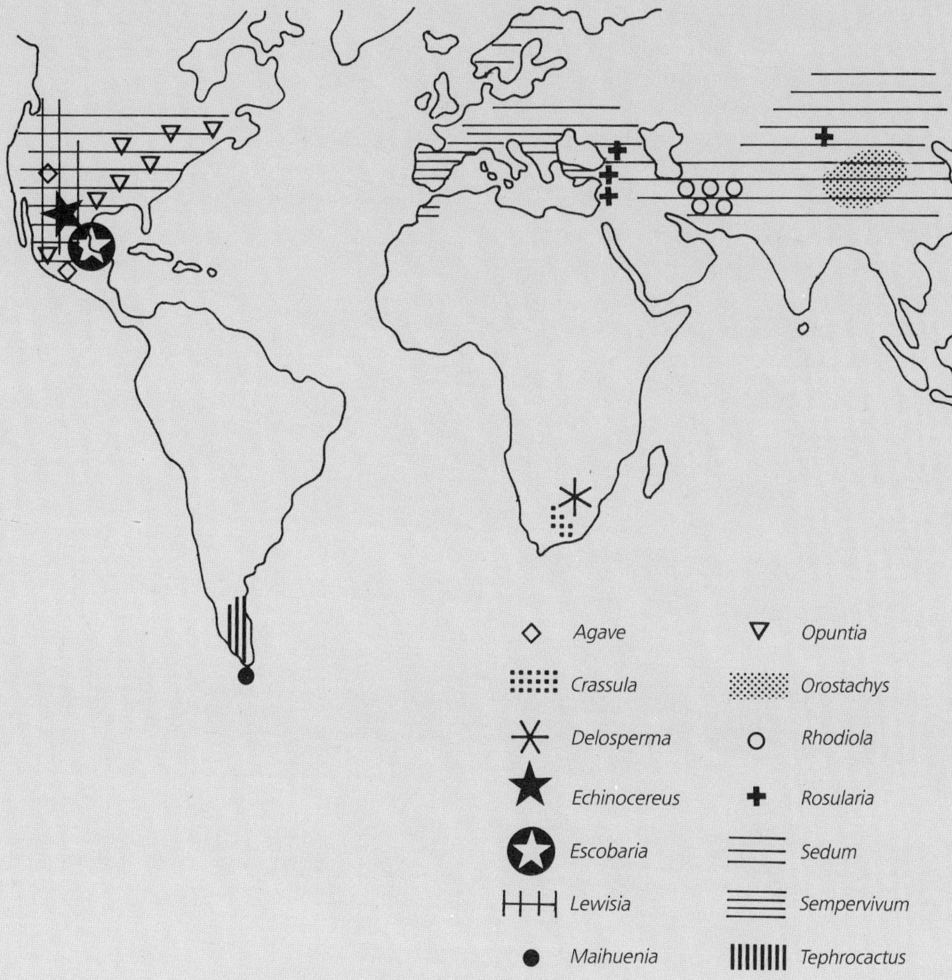

Bild 3. Die Verbreitung winterharter Vertreter der wichtigsten Sukkulentengattungen. Diese Übersicht zeigt deutlich das weltumspannende, breite Band großer Verbreitungsgebiete in der gemäßigten Zone auf der nördlichen Erdhalbkugel. Mit weiter zunehmendem Interesse für diese Pflanzen wird noch manche sukkulente Kostbarkeit aus klimatisch vergleichbaren Gebieten unserer Erde entdeckt werden und den Weg in die Gärten finden.

ken Regengüssen. Eine einfache, lichtdurchlässige Überdachung mit Glas oder Folie kann hier bereits Wunder wirken und empfindliche Pflanzen vor dem Kältetod bewahren. Sicherer sind in jedem Fall niederschlagsgeschützte Plätze, im Regenschatten, unter verglasten Pergolen oder im Kalthaus, das für ängstliche Liebhaber von Freilandsukkulenten nach anfänglichen Schwierigkeiten zu einem richtigen Unterglasvergnügen werden kann. Die steuerbare Trockenheit ist es dann, welche die Fülle der kälteresistenten Pflanzen zu dankbaren und dabei pflegeleichten Gewächsen werden läßt.

Überhaupt ist es verwunderlich, wie Freilandsukkulenten extreme Kälte ohne Schneeschutz, wie im Winter 1984/85, überleben und danach besonders reich blühen. Nur ein Beispiel: Im Garten des Autors brachte die Mittagsblume *Delosperma dyeri* nach −26 °C im nachfolgenden Juni über 5000 (!) Blüten auf einem Quadratmeter.

Ein wenig Systematik

Es gibt kaum eine Sukkulentengattung, die derzeit nicht irgendwelchen Veränderungen innerhalb der systematischen Zuordnung unterworfen ist. Oft entsteht der Eindruck, daß alle bisherigen Bemühungen um eine endgültige Zuordnung auch in diesem, relativ kleinen Bereich vergeblich sind. Man neigt heute dazu, mehr von einem beweglichen System zu sprechen, das immer wieder neue Erkenntnisse, Neufunde und persönliche Ansichten beinhaltet. Dies ist verständlich, bringt allerdings keine Ordnung in den bereits schon bestehenden und jeden Tag größer werdenden Namenswirrwarr um die Benennungen. Arten, Unterarten, Varietäten, Formen und Hybriden säumen mit lateinischen, oft fast unaussprechlichen Namen den dornigen Weg der Systematik. Für viele ihrer Freunde bleiben die Pflanzen jedoch Mittelpunkt ihres Interesses. Was gut wächst, schön blüht, kurz gesagt Freude bereitet, wird gesammelt.

Trotzdem soll in einer nachfolgenden Übersicht der Versuch gemacht werden, einige der schönsten Freilandsukkulenten, in Unterscheidung ihrer Härte, mit Blühkalender und einigen praktischen Hinweisen vorzustellen.

Winterharte Sukkulenten – auf einen Blick

Wissenschaftlicher Name	Hauptblütezeit IV	V	VI	VII	VIII	IX	Lichtbedarf	Besondere Hinweise
Agave megalacantha			■	■	■	■	○	U, E
– *parryi*			■	■	■	■	○	N
– *utahensis* var. *eborispina*			■	■	■	■	○	N
–– var. *kaibabensis*			■	■	■	■	○	N
–– var. *utahensis*			■	■	■	■	○	N
Aloë aristata			■	■			○–◐	U, E, L
Austrocactus patagonicus			■	■	■		○	U
Austrocylindropuntia verschaffeltii			■	■			○	U
Chiastophyllum oppositifolium			■	■			○–◐	S, E, L
Corynopuntia bulbispina			■	■	■		○	U
– *clavata*			■	■	■		○	U
Coryphantha chlorantha			■	■	■		○	U
–– var. *deserti*			■	■	■		○	U
– *vivipara*			■	■	■		○	U, E, L
–– var. *aggregata*			■	■	■		○	U, E, L
–– var. *arizonica*			■	■	■		○	U, E, L
–– var. *neo-mexicana*			■	■	■		○	U, E, L
–– var. *radiosa*			■	■	■		○	U, E, L
Crassula milfordae			■	■	■		○–◐	N
– *sarcocaulis*				■	■		○–◐	N, E, L
Cylindropuntia imbricata				■	■		○	U
– *whipplei*				■	■		○	U
Delosperma aberdeenense			■	■	■		○	U, E, L
– *cooperi*			■	■	■	■	○	U, E, L
– *dyeri*			■	■			○	S, E, L
– *sutherlandii*			■	■	■		○	U, E, L
Echinocereus baileyi			■	■			○	U
– *caespitosus*			■	■			○	U
– *coccineus*			■	■			○	U, E, L
– *fendleri*			■	■			○	U
– *hempelii*			■	■			○	U
– *mojavensis*			■	■			○	U
– *purpureus*			■	■			○	U, E, L
– *reichenbachii*			■	■			○	U, E, L
– *triglochidiatus*			■	■			○	U, E
– *viridiflorus*			■	■			○	U, E, L
Escobaria missouriensis			■	■	■		○	U, E
–– var. *caespitosa*			■	■	■		○	U
–– var. *robustior*			■	■	■		○	U
Jovibarba, alle Arten			■	■	■		○	S, E
Lewisia, alle Arten	■	■	■	■	■	■	○–◐	U, E

Erläuterung der Symbole Seite 13

Winterharte Sukkulenten — auf einen Blick (Fortsetzung)

Wissenschaftlicher Name	Hauptblütezeit IV	V	VI	VII	VIII	IX	Licht-bedarf	Besondere Hinweise
Maihuenia patagonica			x	x	x		○	S, E
— *poeppigii*			x	x	x		○	S, E
Opuntia arenaria			x	x			○	S
— *armata*			x	x			○	S
— *compressa*[1]			x	x			○	U, E, L
— *engelmannii*			x	x	x		○	U
—— var. *discata*			x	x	x		○	S, E, L
— *fragilis*			x	x			○	S, E
—— var. *brachyarthra*			x	x			○	S
—— var. *denudata*			x	x			○	S
—— var. *parviconspicua*			x	x			○	S
— *grandis*			x	x			○	N
— *howeyi*			x	x			○	S, E, L
— *humifusa*			x	x			○	S, E, L
— *hystricina*			x	x			○	U, E, L
—— var. *bensonii*			x	x			○	U, E, L
—— var. *nicholii*			x	x			○	U, E, L
—— var. *ursina*			x	x			○	U, E, L
— *juniperina*			x	x			○	S, E, L
— *occidentalis*				x	x		○	U, E, L
— *phaeacantha* mit Varietäten			x	x	x		○	S, E, L
— *pollardii*			x	x			○	U, E, L
— *polyacantha* mit Varietäten			x	x			○	S, E, L
— *procumbens*				x	x		○	U, E
— *rafinesquei*[1]			x	x			○	S, E, L
— *rhodantha* mit Varietäten		x	x				○	U, E, L
— *rutila*			x	x			○	S, E, L
— *sphaerocarpa*			x	x			○	U, E, L
— *tortispina*			x	x			○	U, E, L
— *xanthostemma*[2]			x	x			○	S, E, L
Orostachys, alle Arten			x	x			○–◐	S, E
Pediocactus bradyi			x	x	x		○	U
—— var. *knowltonii*			x	x	x		○	U
— *simpsonii*		x	x	x	x		○	U, E, L
Pterocactus skottsbergii		x	x	x	x		○	S, E
Rhodiola, alle Arten		x	x	x			○–◐	S, E, L
Rosularia, alle Arten			x	x			○	S, E, L
Sclerocactus whipplei mit Varietäten				x	x		○	U, E

Erläuterung der Symbole Seite 13

Winterharte Sukkulenten — auf einen Blick (Fortsetzung)

Wissenschaftlicher Name	Hauptblütezeit IV	V	VI	VII	VIII	IX	Lichtbedarf	Besondere Hinweise
Sedum, nahezu alle Arten		■	■	■	■	■	○–◐	S, E, L
außer:								
Sedum cauticolum				■	■	■	○	U, E, L
– kamtschaticum			■	■	■	■	○–●	S, E, L
– palmeri	■	■	■	■			○	U, E, L
– rubrotinctum	■	■					○	N, E
– sieboldii						■	○	S, E, L, W
– spathulifolium			■	■			○	U, E, L
– spectabile						■	○	S, E, L, W
– stahlii	■	■					○	N, E, L
Sempervivella, alle Arten			■	■			○	S, E, L, W
Sempervivum, nahezu alle Arten	■	■	■	■	■		○	S, E, L
außer:								
Sempervivum altum			■	■			○	U
– armenum			■	■			○	U
– dolomiticum			■	■			○	S
– iranicum				■	■		○	U
– transcaucasicum			■	■			○	U
Tephrocactus darwinii				■	■		○	S, E

Erläuterung der Symbole:
○ = sonniger Standort; ◐ = Halbschatten; ● = Schatten; S = Sehr wintertauglich an allen Gartenplätzen, auch bei Temperaturen unter –20 °C; U = Unempfindlich und hart an wintertrockenen und geschützten Standorten; N = Nur für klimatisch bevorzugte Gebiete (Weinbauklima) bei trockenem Winterstandort;
E = Empfehlenswert für den Anfang, unter den jeweiligen Pflegebedingungen problemlos; L = Leicht und schön blühend;
W = Winterschutz mit Torf, strohigem Mist o.ä. angebracht

[1] Gültigkeit dieser Art umstritten, wird nach neuesten Erkenntnissen *Opuntia humifusa* zugeordnet.
[2] Weit verbreiteter Handelsname, nach der Literatur eine Gartenform von *Opuntia rhodantha*.

Freilandsukkulenten sammeln und pflegen

Die Beschäftigung mit Freilandsukkulenten kann schnell zu einem Hobby ausarten, auf das man nicht verzichten möchte, weil es immer wieder neu begeistert.

Der Anfang

Nicht selten beginnt die Liebe zu diesen Pflanzen mit einem Urlaubsmitbringsel. Irgendwo in den Bergen gefunden, entwikkelt sich die kleine Rosette zu einem ansehnlichen Polster. Das Interesse ist geweckt, jetzt für eine Hauswurz, ein *Sempervivum* (Bild 4), bei nächster Gelegenheit auch für andere Arten der hier winterharten Sukkulenten. Im Blumengeschäft, Gartencenter oder in einer Staudengärtnerei kann man heute vermehrt angebotenen kleinen Kostbarkeiten nicht widerstehen; hinzu kommen Ableger von Freunden und Bekannten. So entsteht das erste Sukkulentengärtlein im Balkonkasten, Pflanztrog oder einfach irgendwo im Garten — vielleicht auch auf dem Dach, denn Freilandsukkulenten sind fast überall zu Hause. Wer gleich zu Anfang seiner Liebe die vielerlei Formen und Farben gesehen hat, ist und bleibt begeistert. Besuche in botanischen Gärten geben Einblick in die große Welt dieser Pflanzen. Auf Zettel notierte, meist wissenschaftliche Bezeichnungen lassen die Angebote des Spezialgärtners und der Kataloge plötzlich interessant erscheinen — man kann sich etwas darunter vorstellen. Etwas Fachliteratur erweitert das botanische Wissen, gibt tieferen Einblick in die Materie, und bald kommt es zu Kontakten mit Gleichgesinnten. Man kauft weitere Pflanzen dazu und tauscht oder zieht selbst Jungpflanzen aus Samen heran.

Bild 4. Kleinwüchsig ist die Berghauswurz, *Sempervivum montanum*, eine weit über Süd- und Mitteleuropa verbreitete Art. Foto E. Kleiner

Exotik im sonnigen Steingarten

Steingärten waren schon immer Domizile interessanter Pflanzen. Vor allem jedoch wachsen dort die klassischen Polsterstauden, Kleingehölze und Blumenzwiebeln. Nur vereinzelt finden sich hier einige Freilandsukkulenten: *Sedum* und *Sempervivum*. Schade darum! Steingärten haben viel mehr Platz für die schönsten Freilandsukkulenten.

Auf die Steine kommt es an . . .

Es ist kein Geheimnis: Viele Pflanzen wachsen bevorzugt zwischen Steinen. Wer die Heimat der Sukkulenten kennt, kann dies im besonderen Maße bestätigen. Der Liebhaber sucht sie immer dort zuerst, wo große Felsblöcke oder Findlinge in der Landschaft liegen. Die Gründe sind klimatischer und pflanzengesellschaftlicher Natur. Jeder weiß, daß sich die Oberseite eines Steines bei Sonneneinstrahlung stark erwärmt. Auf der Unterseite dagegen bleibt er kühl. Pflanzenwurzeln mögen diese Kühle, zumindest, wenn die Sonne intensiv vom Himmel brennt. Nachts aber geben die Steine gespeicherte Wärme ab an die umgebende Luft und an die Erde. Sie dienen deshalb als Temperatur- und Feuchtigkeitsregulatoren. In ihrem Schutz wächst auch der Nachwuchs heran, der irgendwann als Samenkorn an ihnen buchstäblich hängenblieb und im Windschatten und an absonnigen Stellen weitaus mehr Überlebensmöglichkeiten findet als anderswo. Außerdem nähren die Steine ihre Pflanzennachbarn mit Mineralstoffen, die langsam, aber stetig durch Verwitterung und Wurzelsäuren verfügbar gemacht werden.

Die schönsten Steingärten ergeben sich aus natürlichen Gelände-Unebenheiten im Garten. Dabei ist die Himmelsrichtung für Freilandsukkulenten nicht ganz unwichtig, weil die meisten dieser Pflanzen Sonne und Wärme lieben. Das Gefälle von Norden nach Süden, ein Südhang also, ist deshalb allen anderen Möglichkeiten vorzuziehen.

Eine Alternative zum Steingarten am Hang ist der Sukkulenten-Hügel, ein Stein-Wall, der an geeigneter Stelle im Garten aufgebaut wird. Allerdings sollte er nicht als isolierter Fremdkörper mitten in ebenem Gelände, sondern irgendwo am Rande, als Ergebnis einer aufgeschütteten Terrasse oder als verbliebener Erdhügel nach einem Teichaushub möglichst nahe am

Wohnbereich angelegt werden. Doch auch auf Gartenbeeten ohne nennenswertes Gefälle läßt sich ein Steingarten anlegen: Hier geben dann einfach Steine und Schotter das gewünschte Milieu.

Nicht jeder hat die Möglichkeit, Gestein für ganz spezielle Pflanzenansprüche zusammenzustellen. Im allgemeinen wird man sich auf Materialien beschränken, die in der näheren Umgebung vorkommen. In der Schwäbischen oder Fränkischen Alb sind es Kalksteinbrocken, in der Eifel und im Hegau Vulkangestein und in vielen Gegenden einfach der typische Moränenschutt aus Kieseln, Wacken und riesigen Findlingen.

Der größte Fehler in der Gestaltung von Steingärten besteht in der gleichmäßigen Verteilung von Steinen über die Gesamtfläche. Daß die Steine gelegentlich auch noch senkrecht stehen, verschlimmert Anblick und Wirkung. In der Natur entstehen verschiedene Steingrößen durch Verwitterung. Große Blöcke sind daher von kleineren umgeben, die ihrerseits wiederum verwittern und schließlich Schotter bilden. Wie in der Natur sollten größere Steine auf der Breitseite liegen, damit sie nicht umfallen und Pflanzen und Tiere gefährden. Noch etwas ist wichtig für das Wohlerge-

Bild 5. Den USA entstammt das Silberspatel-*Sedum*, *Sedum spathulifolium* 'Cape Blanco', dekorativ und reichblühend an wintertrockenen und geschützten Standorten. Foto E. Kleiner

hen der Freilandsukkulenten im Garten: Helle Steine reflektieren einen großen Teil der Sonnenstrahlen und bleiben relativ kühl, dunkle dagegen, z.B. Lava, speichern Wärme und können dadurch so heiß werden, daß man sie nach mehrstündiger Sonneneinstrahlung im Sommer kaum anfassen kann. Pflanzen zwischen dunklem Gestein sind daher im Frühjahr den anderen um einige Tage voraus. Diese Wirkung wird noch verstärkt, wenn zugleich die kiesige Abdeckung der Pflanzenerde mit denselben Materialien erfolgt. Es ist keine Frage, daß wärmeliebende Freilandsukkulenten in dieser Umgebung zu besonderer Schönheit in Wuchsform (Bild 5) und Blüte gelangen, zudem gesund und widerstandsfähig sind.

Die Rabatte am Haus

Nicht von ungefähr bezeichnet man die Rabatte am Haus als einen fast optimalen Standort für Freilandsukkulenten. Für manchen Gartenbesitzer mit kleinem Platzangebot ist es geradezu eine zwangsläufige, zugleich aber beneidenswerte Stelle, wo sich auch schwierigere Arten in vollendeter Weise kultivieren lassen.

Sonnige und windstille, nach Süden leicht geneigte Lagen sind allen anderen Möglichkeiten vorzuziehen. Denn die nahe Hauswand sorgt durch Stau- und Strahlungswärme im Jahresdurchschnitt für höhere Temperaturen und ausgeglichenere Temperaturschwankungen; und ein Dachvorsprung hält immerhin einen Teil der Niederschläge ab.

Bereits beim Gestalten der Rabatte sollte daher die Nässeempfindlichkeit einzelner Arten berücksichtigt werden. Eine Garantie für guten Wasserabzug ist auch hier die Dränage, die oft aber ohnehin bereits vorhanden ist: Kiesschüttungen, Bauschutt u.ä. entlang dem Fundament sorgen fast ohne unser Dazutun für gute Durchlässigkeit. Es wäre Unsinn, solche Plätze mit feuchtigkeitsliebenden Pflanzen zu begrünen. Deshalb sind winterharte Sukkulenten eine willkommene Abwechslung von den Allerweltspflanzen, die den typischen Schemagarten prägen.

Die Auswahl und natürliche Anordnung der Steine schafft eine Atmosphäre, die den Freilandsukkulenten ein kleines Stück ihrer fernen Heimat wiedergibt. Die kiesige Abdeckung der Pflanzerde hat, wie

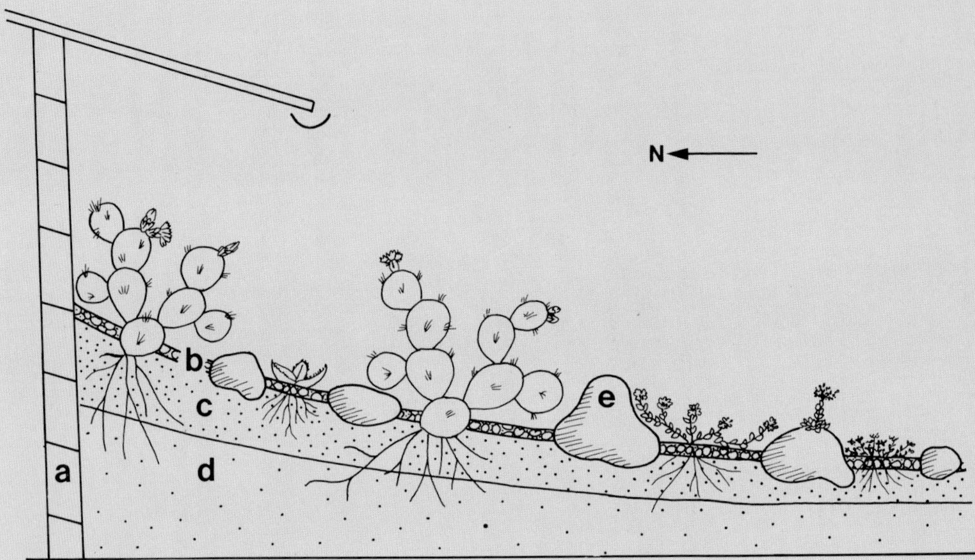

Bild 6. Ein Freilandsukkulentenbeet im Schnitt. Die Bepflanzung besteht aus widerstandsfähigen, problemlosen Sukkulenten, die eine Langzeitkultur ermöglichen. Von links nach rechts: *Opuntia*, *Agave*, *Opuntia*, *Delosperma*, *Sempervivum*, *Sedum*. Die etwas nässeempfindlichen Arten stehen in Hausnähe. Robuste Arten der Gattungen *Opuntia*, *Maihuenia*, *Pediocactus*, *Pterocactus* und eine große Anzahl von winterharten Sukkulenten kommen im allgemeinen ohne besonderen Schutz gegen Niederschläge und Tiefsttemperaturen aus. a Hauswand, b Abdeckung aus kiesigem Material, c humusarme Pflanzerde, d Dränage aus Kies, Schlacke, Ziegelbrocken, e Steine, die trassieren, dekorieren und das Kleinklima begünstigen.

langjährige Versuche ergaben, entscheidenden Einfluß auf das Wohlergehen und besonders das verlustfreie Überwintern. Kurzum, die Rabatte am Haus kann zu einem Gärtchen werden, das sich zu jeder Jahreszeit sehen lassen kann (Bild 6).
Zu den in den nachfolgenden Abschnitten unter vielen Kulturbedingungen genannten Freilandsukkulenten, können in Hausnähe auch manche sonst etwas schwierigere Arten Verwendung finden. So eine ganze Reihe der kugeligen und kleinsäuligen Kakteen, *Escobaria, Echinocereus*

u.a. Dann einige Cylindropuntien und ein gutes Dutzend der ansonsten problematischen anderen Sukkulenten: *Agave parryi* und *Agave utahensis*. Gerade sie schätzen den von oben geschützten Standort, zu viel Feuchtigkeit in ihren Rosetten zur Winterszeit kann tödlich sein.
Auch die vorab gut abgehärtete *Aloë aristata* kann mit einigen winterharten *Crassula (C. milfordiae* und *C. sarcocaulis)* viele Winter ohne Schäden überdauern.
Viele, an sich für sonnig-heiße Südrabatten geeignete Gartensukkulenten wachsen auch in Ost- und Westlagen mit gutem Erfolg. Sehr stark sonnenabhängige Blüher, z.B. Opuntien und Mittagsblumengewächse, bringen jedoch weniger und oft nur halboffene Blüten.
Für typische Schattenrabatten schrumpft das Angebot erheblich. Mit *Chiastophyllum oppositifolium, Sedum kamtschaticum, Rhodiola rosea* und einigen Lewisien seien Gewächse genannt, denen die fehlende Sonne keineswegs Nachteile bringt.

Der Dachgarten

Man könnte ihn als einen Steingarten auf dem Dach bezeichnen, denn auch dort sollten Steine das ausgleichende Element im bunten Bild der zahlreichen Pflanzen sein. Allerdings ist der Auswahl von Freilandsukkulenten auf Dachgärten eine natürliche Grenze gesetzt. Meist sind nämlich Dachgärten rundum Wind und Wetter ausgesetzt, und bei Sonnenschein ist es erbarmungslos heiß, ein Klima also, das einige Robustheit abverlangt. Der Prüfstein für die Tauglichkeit ist der Winter. Schnee ist meist Mangelware, weil die Aufwärmung der Dachhaut das Abschmelzen beschleunigt. Gute Langzeiterfahrungen wurden eigentlich nur mit *Sedum, Sempervivum* und den härtesten Opuntien gemacht. Geschützte Dachgärten, zwischen Häusern oder vor steilen Hängen, bieten da schon mehr Möglichkeiten. Allerdings ist der Faktor Feuchtigkeit zur Winterszeit meist nicht vorhersehbar und kann erst nach einigen Jahren genau beurteilt werden. Dachisolierungen werden wohl nach bestimmten Richtlinien konstruiert, trotzdem spielt die vorhande-

Bild 7. Schnitt durch einen Dachgarten mit Freilandsukkulenten. Die tragfähige, gegen Feuchtigkeit isolierte Decke (a) wird meist zusätzlich geschützt gegen Beschädigung durch Pflanzenwurzeln. Als sicherste Methode gelten doppelt verlegte Schweißbahnen. Darauf kommt eine 5 — 8 cm hohe Dränage (Kies, Dränplatten o.ä.), die für guten Wasserablauf (b) sorgt. Sie wird von der Pflanzerde durch eine Filtermatte getrennt. Dadurch werden Verunreinigung der Dränage und Abschwemmung der Erde in den Regenablauf verhindert. Steinansammlungen (c) verbessern das Kleinklima, Trittplatten (d) lassen jede Stelle des Dachgartens mühelos erreichen. Ein umlaufender Schutzzaun (e) gibt Sicherheit beim Begehen.

ne Dränage, eine Filtermatte, die Kiesauflage und dann die Pflanzerde eine entscheidende Rolle.

Es ist vorteilhaft, die Wünsche des Bauherrn für die Bepflanzung eines Flachdaches von vornherein mit einzuplanen, soweit sie sich verwirklichen lassen: Dränplatten, Filtermatten und Spezialerde (20 — 30 cm hoch) werden verwendet. Die Erde sollte etwas schwerer (lehmhaltiger) sein als die sonst übliche, mehr durchlässige Pflanzerde. Sie besitzt ein höheres Wasserhaltevermögen und hilft, Trockenzeiten im Sommer leichter zu verkraften (Bild 7).

Im Dachgarten sollten alle Teile durch Trittplatten problemlos begehbar sein. Auf größere Steindekorationen oder kleine Felsgebirge muß allerdings verzichtet werden wegen des Gewichts und auch um die Isolierung zu schonen. Andererseits läßt sich mit Grauwacken und Kieselsteinen eine Moränenlandschaft nachahmen. Hierher passen zahlreiche Ziergräser, Disteln und die einjährigen Sukkulenten als bunte Farbtupfer. Wer genug Platz hat, kann noch weitere Kleinstauden aus den an anderer Stelle aufgeführten Auswahlen hinzunehmen.

Wenn Trockenmauern blühen

Eine für Hanggärten geeignete Bepflanzungsmöglichkeit bietet die Trockenmauer. Man verwendet dazu etwas zurechtgehauene Steine, die mit Sachverstand leicht schräg zum Hang aufgebaut werden und eine stabile Mauer ergeben. Auf ihrer Rückseite kommt auf gut verdichteten Mutterboden eine etwa 10 cm hohe Kiesschüttung, und darauf legt man mit der Breitseite nach unten, möglichst standsicher, die untersten Steine. Je höher die Trockenmauer werden soll, um so größer

Bild 8. Zur wirkungsvollen Unterbrechung eines Hanggeländes eignet sich die Trockenmauer. Maueranlauf 20 — 30 Prozent. Kiesunterbau (a) und Dränrohre leiten das Hang-Sickerwasser aus dem Mutterboden (b) ab. Die Mauer selbst wird mit kantigen Steinen (c) aufgesetzt und mit durchlässigen Materialien hinterfüllt (d). Oberhalb finden Opuntien, Agaven, *Delosperma*-Arten, auch Gräser und Yuccas ihren Platz (e). Zwischen den Mauersteinen entwickeln sich »Durstkünstler« besonders schön (f). Ein kleiner Weg mit unregelmäßig auf verdichtetem Untergrund verlegten Platten (g) vor der Mauer. Interessante Steine (h) runden die Anlage ab.

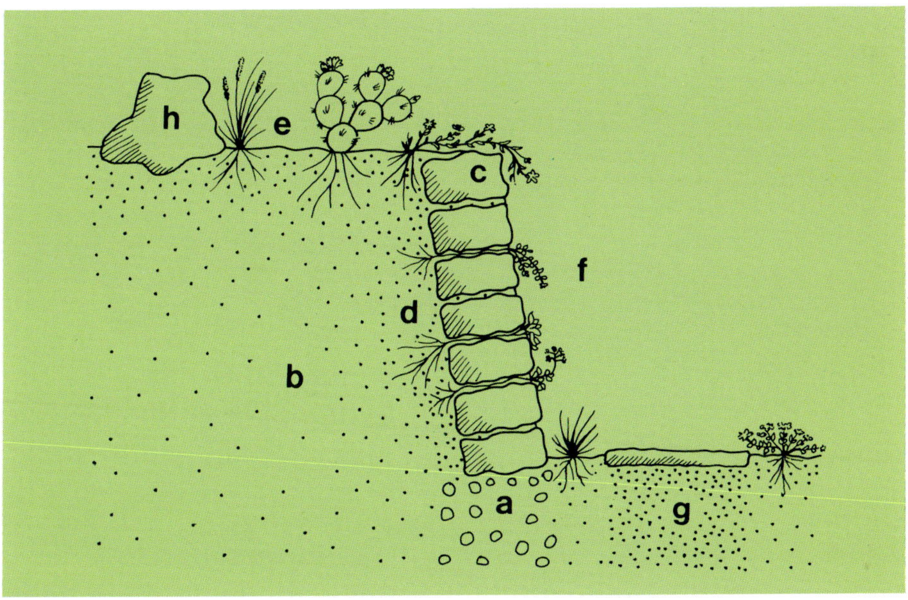

Bild 9. *Jovibarba* und *Sempervivum* als Trockenmauerbepflanzung. Foto E. Kleiner

ist der Druck der dahinterliegenden Erde. Deshalb muß mit jedem Zentimeter, den die Mauer höher werden soll, der Winkel flacher angesetzt werden (Bild 8).

Der geschützte Platz vor der Trockenmauer (Bild 9), die Fugen und letztlich die Mauerkrone sind ausgezeichnete Pflanzbereiche für Freilandsukkulenten. Es lohnt, die zukünftigen Fugenbewohner gleich beim Mauerbau einzupflanzen. Am besten natürlich mit Erdballen, der bei entsprechender Vorkultur in Töpfen eine wertvolle Einwurzelungshilfe darstellt. Vor allem das laufende Herausfallen kaum bewurzelter Pflanzen wird dadurch vermieden.

Zwischen Juni und Februar sollte man keine Bepflanzung vornehmen. Extreme Sommertemperaturen und Wechselfröste zur Winterszeit schaden den noch nicht eingewurzelten Pflanzen einer Trockenmauer. Als beste Pflanzzeit gilt, auch für Stecklinge, das Frühjahr von März bis Mai. Um diese Zeit wurzeln die Pflanzen sehr schnell ein und zeigen bereits nach einigen

Wochen erste Blüten. Als Fugenfüller eignen sich sehr gut alle europäischen und asiatischen *Sedum*-Arten und vor allem nicht zu großwüchsige, farbige Sempervivven. Vor der Mauer bleibt ein schmaler Streifen, auf dem kleinwüchsige Gräser und Stauden Platz finden. Für die Mauerkrone lassen sich Delosperma-Arten, Opuntien und höherwachsende Sedum, dazu Yuccas verwenden. Der Terrassengarten bietet sich an zur dekorativen Gestaltung von steilen Hangpartien. Der Mauerbau ist im Prinzip gleich wie bei der Trockenmauer, nur werden hier kleinere Mäuerchen mit ausreichend Zwischenraum hintereinandergesetzt. Maueranlauf 10 — 20 Prozent. Das Gelände wird durch plattenbelegte Wege erschlossen, denn auch der schönste Wüstengarten nützt nichts, wenn er kaum begehbar ist. Je mehr man sich aber mit den sukkulenten Pflanzen beschäftigt, desto näher möchte man ihnen sein — vor allem in einer großen Anlage. Die Erfahrung lehrt, daß ein Garten mit solchen »Durstkünstlern« keineswegs mehr Arbeit bereitet als ein kunterbunter Blumengarten oder gut gepflegter Rasen.

Böschungen begrünen

Extrem steile Hänge sind oft nur mit Böschungssteinen dauerhaft zu befestigen. Was läge näher, in die Lücken der Betonornamentik Gartensukkulenten einzupflanzen. Besonders dankbar sind *Opuntia-*, *Sedum-* und *Sempervivum*-Arten. Auch *Delosperma dyeri* entwickelt sich gut an diesen extremen Pflanzplätzen (Bild 10).

Bild 10. Nüchterne Betonornamentik von Böschungssteinen wird durch Bepflanzen mit *Sedum* und *Sempervivum* gemildert. Dankbar und unverwüstlich gedeiht hier auch *Delosperma dyeri*, eine harte afrikanische Mittagsblume. Foto E. Kleiner

Sukkulenten dekorieren Steine

Nicht jedem ist es vergönnt, auf Spaziergängen Steine mit Vertiefungen, Spalten oder gar durchgehenden Löchern zu finden. In Landschaften, wo Kalkgestein frei zutage tritt, hat man die meisten Chancen, eine richtige »Knolle« zu finden. Tuff- und Sandsteine mit entsprechender Oberfläche sind ebenfalls begehrte Findlinge. Doch kann jeder handwerklich Geschickte auch selbst Löcher in nicht zu harte Steine bohren. Mit Hammer und Meißel läßt sich dann genug Platz für Erde und Wurzeln schaffen. Die günstigste Zeit zum Bepflanzen liegt zwischen März und Mai.

Als sehr langlebige Bewohner gelten dichtpolstrige *Sedum*-Arten und die kleineren Semperviven, voran *Sempervivum arachnoideum* mit seinen Varietäten, Formen und Hybriden. Es ist erstaunlich, daß sie als eigentliche Urgesteinsbewohner auch auf Kalkstein kaum Nachteile erkennen lassen (Bild 11). Ebenso können *Orostachys* und *Rosularia* empfohlen werden. Wer will, kann nichtsukkulente Stauden als Partner hinzunehmen. *Androsace*-Arten, krustige *Saxifraga* und zwergige *Arabis* sind nur einige aus einem nicht sehr großen, aber trotzdem vielfältigen Sortiment.

Unwillkürlich frägt man sich, wie ein Leben auf so kleinem Raum überhaupt möglich ist. Diese überaus anspruchslosen Pflanzen sind dennoch für gelegentliche kleine Düngergaben dankbar. Wer gleich beim Einpflanzen in das Gartenerde/Lehm/Torf-Gemisch eine Messerspitze Pe-

Bild 11. Von der Natur durchlöcherte und ausgewaschene Kalksteine sind ideale Pflanzplätze für nicht zu groß werdende Semperviven. Foto E. Kleiner

ru-Guano hinzugibt, wird staunen, wie wohl sich dann die Pflanzen fühlen und zur intensiven Färbung der Blätter leuchtendfarbene und kompakte Blüten bringen.
Ein so bepflanzter Stein darf nicht irgendwo in einer Gartenecke untergehen. Je nach den Gegebenheiten paßt er auf die Terrasse, an einen Sitzplatz, eine Wegkreuzung, auch nur an den Wegrand (Garageneinfahrt, Weg zum Haus usw.). Als Solitär kann er in Rabatten zum Blickfang werden und selbst im Steingarten äußerst wirkungsvoll zur Geltung kommen. Wer mehrere Steine hat, kann mit ihnen ein kleines Gebirge gestalten. Die dadurch entstehenden Fugen bieten weiteren Platz für viele interessante Pflanzen.

Kasten- und Trogbepflanzung

Der seit Jahren zu beobachtende Trend, die Natur möglichst nahe zum Wohnbereich heranzuholen, eröffnet gerade den Freilandsukkulenten neue Chancen.

Sukkulenten im Balkonkasten

Ob am Fenster oder Balkongeländer, bieten die anspruchslosen Freilandsukkulenten eine bemerkenswerte Alternative zu den Stauden und Gehölzen, deren zwergwüchsige Formen für Dauerpflanzungen in kleinräumigen Kästen beliebt sind. Ihre Fähigkeit, Wasser zu speichern, macht die Sukkulenten anderen Pflanzen überlegen: Ein Zuviel an Sonne, Wärme und Trockenheit überstehen sie leichter. Vernachlässigte Pflege durch längere Abwesenheit oder Zeitmangel nehmen sie kaum übel. Ja, manche scheinen sich unter solchen Verhältnissen erst richtig wohl zu fühlen.
Im allgemeinen gedeihen in einem Balkonkasten mit sorgfältig vorbereiteter Pflanzerde (Bild 12) alle Arten, die besonders witterungsbeständig sind und auch unter extremen Bedingungen, z.B. Durchfrieren der Erde im Winter, nicht leiden. Für Langzeitkultur sind es vorzugsweise mäßig wuchernde Arten der Gattungen *Opuntia*, *Sedum* und *Sempervivum*. Pflanzbeispiele anzuführen würde zu weit gehen, zumal der persönliche Geschmack

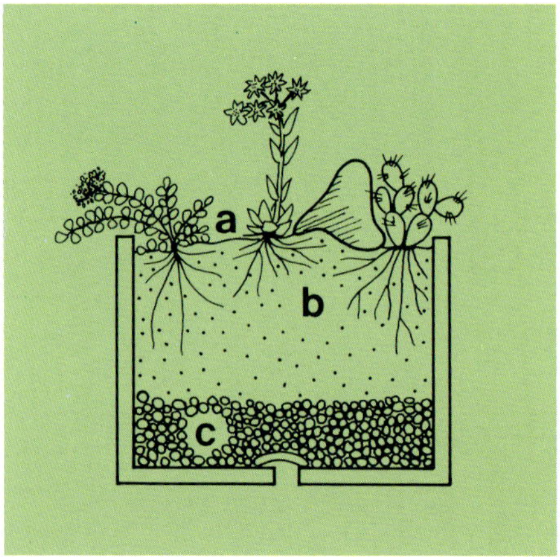

Bild 12. Balkonkasten mit Freilandsukkulenten. Die Pflanzen (a) wurzeln in einem durchlässigen Substrat (b). Eine Dränage (c) im untersten Drittel des Kastens verhindert Staunässe; überschüssiges Wasser fließt durch mit Scherben abgedeckte Löcher ab. Dieses Pflanzschema läßt sich auch auf andere Behälter (Kübel, Schalen, Tröge usw.) übertragen.

bei diesen Mini-Gärten sehr im Vordergrund steht. Kombinationen mit Steinbrech-Arten, kleinen Ziergräsern, Zwergiris und alljährlich stark zurückgeschnittenem Lavendel können sehr ansprechend wirken. Grundsätzlich gilt, daß alle verwendeten Pflanzen nicht wuchern, also zu üppig wachsen dürfen. Deshalb ist bereits das Bepflanzen mit *Delosperma*- und *Sedum*-Arten problematisch, wenn auch nicht ausgeschlossen. Manch einer liebt derartig wildromantische Bepflanzungen und tröstet sich damit über manche Pflanze hinweg, die mit den Jahren buchstäblich erdrückt wird. Nicht selten bleiben Arten übrig, deren monatelange Blütezeit Duft und Farben und damit mehr als nur das Außergewöhnliche in die Kästen bringen.

Ein nicht unbedeutender Vorteil der Balkonkästen ist ihre Mobilität. Ob aus Eternit, imprägniertem Holz oder Kunststoff gefertigt, sind sie in kleineren Abmessungen noch so handlich, daß sie mühelos transportiert werden können, sei es zur Neubepflanzung oder für größere Pflegearbeiten. Eine ständige Pflege kommt kaum in Betracht. Sie beschränkt sich auf das Entfernen abgestorbener Blüten- und Triebteile, auf das Gießen bei zu langer Trockenheit in der Wachstums- und Blütezeit und auf das Düngen, das zwischen April und Juli möglichst vierzehntägig eingeplant werden sollte. Wechselweise können Volldünger und stickstoffarme Präparate, wie sie z.B. für Kakteen angebracht sind, Verwendung finden.

Balkonkästen bieten auch günstige Voraussetzungen für anspruchsvollere Freilandsukkulenten, etwa für Pflanzen, die unter anderem eine Ruhezeit verlangen. Auch lassen sich, sofern die Kästen nicht bereits regengeschützt stehen oder hängen, durch Veränderung des Pflegeplatzes kurzfristig Individualbehandlungen durchführen. So wird die Kultur von Lewisien und kugeligen oder kleinsäuligen Kakteen im Kasten plötzlich viel einfacher als in einem nur unzureichend gestaltbaren Gartenbeet, denn hier läßt sich wochenlanger Regen im Herbst völlig ausschalten. Das

Angewöhnen an die kalte Jahreszeit wird dadurch positiv beeinflußt und erleichtert. Vielfach nutzt man die Mobilität derartiger Kästen auch zum Akklimatisieren von Pflanzen an unser Freilandklima. Durch Wechseln des Standplatzes werden sie allmählich auf die künftige Gartenkultur vorbereitet.

Bild 13. Alter Futtertrog mit *Sempervivum*-Bepflanzung. Foto E. Kleiner

Kübel, Schalen, Tröge

Als eine weitere Pflegemöglichkeit gilt die Unterbringung in Kübeln, Schalen und Trögen. Auch sie wirken als Mittler zwischen Natur und Haus und können auf kleinstem Platz zahlreiche Pflanzenschätze aufnehmen. Es ist oft bedauerlich, wie diese Behältnisse mit Allerweltsgewächsen vollgestopft werden. Dabei sind sie geradezu prädestiniert für Freilandsukku-

lenten, denen das Leben hier zur Freude und dem Besitzer zu einem neuen Gartenvergnügen wird. Denn wer es versteht, kleinwüchsige Sukkulenten zusammenzutragen, kann auf einem Quadratmeter 50 bis 80 verschiedene Arten unterbringen. Alles hübsch mit Steinen dekoriert und vielleicht durch einige nichtsukkulente Kleinststauden aufgelockert (Bilder 1, 13). Im Abschnitt »Gräser und Stauden dekorieren« findet sich eine Fülle von Arten, die ausgesprochen kleinwüchsig sind.

Begehrenswert sind immer Natursteintröge oder -schalen, die zu Großmutters Zeiten als Futtertröge für mancherlei Getier dienten. Sandstein oder gebrannter, auch glasierter Ton sind Materialien, die dank ihrer unauffälligen Farben besonders gut zu Pflanzen passen. Wenn kein Abzugsloch vorhanden ist, muß es ganz vorsichtig mit Bohrmaschine, Hammer und Meißel geschaffen werden. Denn auch hier ist der gute Wasserabzug lebenswichtig. Dränage und Pflanzerde sind schon an anderer Stelle besprochen, die Bepflanzung richtet sich jeweils nach der Größe des Behälters, dem Standort und den Vorstellungen des Besitzers. Empfehlenswerte Pflanzbehälter stellen auch halbierte Fässer, U-Steine, Betonringe, Tröge aus Holz, Waschbeton und Eternit. Kunststoffbehälter lohnen sich nur dann, wenn sie UV-beständig sind. Gewöhnliche Materialien werden in kürzester Zeit brüchig. Sofern Holzbehältnisse imprägniert werden müssen, sollte auf das auch sukkulentenfeindliche Karbolineum verzichtet werden. Fachgeschäfte halten neuerdings unschädliche Anstriche usw. bereit.

Ein weiteres Gestaltungselement ist die Sukkulentenampel. Für eine Dauerpflanzung lohnend sind *Delosperma, Sempervivum* und überhängende *Sedum,* z.B. das Oktoberle, *Sedum sieboldii, Sedum cauticolum* in Sorten und das Walzensedum, *Sedum anacampseros.* Ein Abzugsloch am Schalenboden verhindert Staunässe. Zur Vermeidung häufiger Wurzeltrockenheit lohnt ein Gemisch aus Gartenerde, Lehm und Torf.

Weitere Pflanzmöglichkeiten

Sukkulenten gedeihen praktisch überall, wo sie genügend Halt und Nährstoffe finden. Man trifft sie oft an den unglaublichsten Stellen.

Die Hauswurz auf dem Dach

Wie zu Großmutters Zeiten stellen auch heute Pflanzplätze auf Dächern ein mögliches Zuhause für die zahlreichen Semperviven dar. Ihre angeborene Widerstandsfähigkeit gegen sämtliche Witterungseinflüsse und der geringe Nährstoffbedarf machen sie für derartige Standorte besonders geeignet. Meist findet man sie dort bei Sukkulentenfreunden, denen andere Bepflanzungsmöglichkeiten fehlen. Allerdings muß die Zweckmäßigkeit eines derart exponierten Standorts vorab geklärt werden. Dächer mit tief nach unten gezogenen und dabei gut einseh- und erreichbaren Plätzen sind allen anderen vorzuziehen. Außerdem sollte die Dachneigung höchstens 30° betragen, weil sonst kaum noch Haltemöglichkeiten für die das Substrat stützenden, unterseitig flachen Steine oder die einfach mit breitgedrückten Topfballen aufgesetzten Pflanzen bestehen. Gegen Abrutschen sicherer sind vor allem bei Dächern mit größerer Dachneigung länglich zugeschnittene Hartholz- oder Ziegelstücke, die möglichst mit nichtrostenden Drähten (z.B. kunststoffummantelter Kupferdraht) auf der Eindekkung befestigt werden. Über ihnen lassen sich Semperviven, am besten mit Topfballen, aufsetzen und abschließend mit einigen Steinen dekorieren (Bild 14). Haltbar ist auch folgende Methode: Ca. 25 × 25 cm große, quadratische Stücke nichtrostender Bleche, z.B. aus Aluminium, Kupfer o.ä., werden speziell geformt und mit

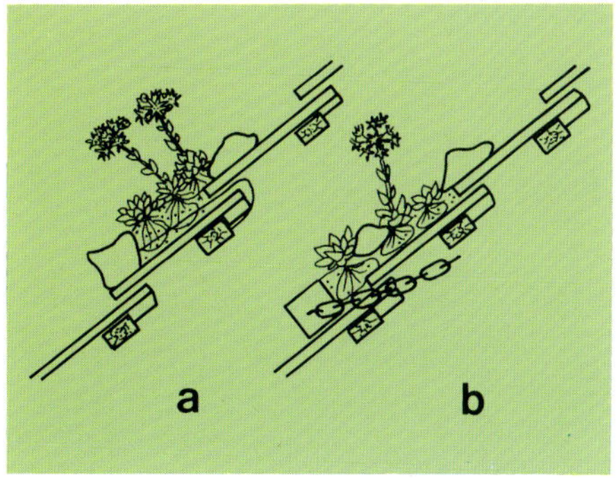

Bild 14. Beispiele für die Dachbepflanzung mit *Sempervivum*. a Hartholz- oder Ziegelstücke, mit Drähten an den Dachlatten befestigt, verhindern, daß die Pflanzen mit den möglichst flachgedrückten Topfballen abrutschen. b Ganze Sammlungen lassen sich auf dachbreiten, beidseitig mit Ketten befestigten Rund- oder Kanthölzern unterbringen. Je nach Belastbarkeit der Dacheindeckung bzw. -unterkonstruktion können Steine, die oberhalb der Pflanzung angebracht sind, die Wucht ablaufenden Regenwassers mildern und Schäden durch Schneerutsch auf ein Mindestmaß reduzieren.

Haken oder Drähten auf den Ziegeln usw. befestigt (Bild 15). Eingelegte Böden aus Styropor, Vlies oder Bitumenfilz verhindern zu starke Erwärmung des »Pflanzgefäßes« durch Sonneneinstrahlung. Durch die nach oben zugespitzte Form wird auch bei sehr steilen Dächern das Auswaschen des Substrats durch abfließendes Wasser verhindert. Ferner kann abrutschender Schnee zur Winterszeit kaum größeren Schaden anrichten.
Zur Aufnahme größerer Sammlungen auf Dächern kann auch folgendes Verfahren

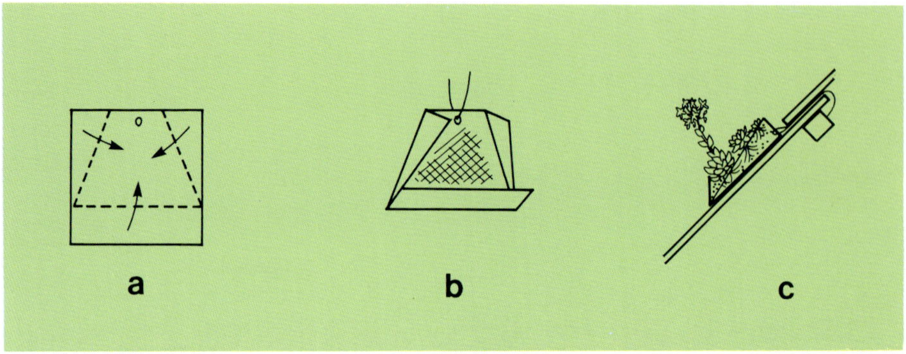

Bild 15. Aus nichtrostenden Blechen (mindestens 25 × 25 cm) lassen sich nach Falzen und Aufbiegen (a) Pflanzbehälter für Sempervivumpolster (b) herstellen, die mit Haken oder Drähten am Dach befestigt werden (c). Vor allem bei Dachneigungen über 30° lassen sich damit sichere Pflanzplätze für die kleine Hauswurzsammlung anlegen.

Bild 16. Mauerkronen, Torsäulen und Müllboxen (Bild) lassen sich problemlos mit Sempervivumpolstern schmücken. Am besten verwendet man hier Pflanzen mit Wurzelballen, die einfach aufgedrückt und mit Erde angehäufelt werden (a). Rundumgelegte Steine (b) begrenzen die Pflanzstelle. Sie halten das Substrat zusammen, verbessern das Kleinklima und wirken dazu noch dekorativ.
▽

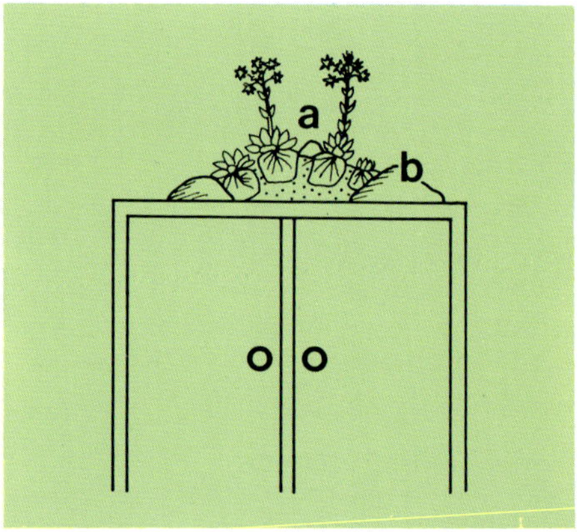

dienen: Beidseitig befestigte Rund- oder Kanthölzer werden mit Ketten o.ä. möglichst an Dachsparren befestigt (Bild 14). Sofern Vorrichtungen für das Auffangen von Dachlawinen vorhanden sind (Schneeschutzgitter, Holzstangen usw.), sollte der kleine Hauswurzgarten selbstverständlich unterhalb dieser Vorrichtungen angebracht werden. Damit ist auch gewährleistet, daß die Pflanzen in schneereichen Gegenden nicht zu sehr in Mitleidenschaft gezogen werden.

Begrünte Mauerkronen

Wie bei der typischen Dachbepflanzung müssen Freilandsukkulenten auch auf Mauerkronen, Müllboxen und Torsäulen mit äußerst wenig Erde auskommen (Bild 17). Am besten geeignet sind Sempervi-

Bild 17. Mit *Sempervivum* und *Sedum dasyphyllum* begrünte Mauerkrone. Steine halten die Pflanzgruppen zusammen. Foto E. Kleiner

ven, denen auch wochenlange Trockenzeiten nichts anhaben können. Wiederum bildet eine Umrandung mit verschieden großen, unterseits flachen Steinen den Pflanzrahmen. Die Hauswurzen selbst setzt man mit flachgedrücktem Wurzelballen in ein Gemisch von Lehm und Torf. Eine derartige Aufpflanzung sollte vorzugsweise im Frühjahr, etwa März — April vorgenommen werden, damit die Pflanzen bis zum Wintereintritt ein dichtes Polster bilden. Eine sichere Methode zur Heranzucht eines kompakten Semperviven-polsters ist das Einsetzen der Pflanzen in eine flache Ton- oder Kunststoffschale von etwa 5 cm Höhe. Sobald das Substrat gleichmäßig durchwurzelt ist und sich in einem Stück herausnehmen läßt, kann das Aufsetzen auf die Mauer usw., völlig unabhängig von der Jahreszeit, vorgenommen werden. Auch hier übernehmen einige rundumgelegte Steine die Haltefunktion (Bild 16).

Baumstümpfe mit Sukkulenten

So mancher Wurzelstock eines ehemals stolzen Baumes kann mit etwas Liebe in einen dekorativen Sukkulentenbaum verwandelt werden. Die meist vorhandenen Vertiefungen im Wurzelbereich nehmen die Pflanzerde auf. Gegebenenfalls wird durch Bohren und anschließendes Vergrößern der Bohrlöcher mehr Raum für die Wurzeln geschaffen. Leicht angemoderte Stümpfe lassen sich besonders gut bearbeiten. Allerdings ist ihre Lebensdauer wesentlich kürzer.

Wie bei der Bepflanzung von Steinen, sind es vor allem kleinwüchsige Sukkulenten, die sich mit der geringen Erdauflage begnügen. *Sempervivum*- und einige *Sedum*-Arten sind recht dankbar (Bild 18). Der Wurzelstumpf muß nicht unbedingt irgendwo in einem Gartenbeet liegen. Als dekorierendes Element auf befestigten Wegen, Garageneinfahrten oder auch auf der Terrasse kann er zum vielbeachteten Blickfang werden. Überhaupt bringt jeder hölzerne Baustoff ein Stück Natur in den Wohnbereich zurück. Ob Palisaden oder ausgediente Eisenbahnschwellen, sie alle sind angenehme Partner für die schönsten Freilandsukkulenten.

Sukkulenten auf Gräbern

Besonders auf Friedhöfen alpiner und voralpiner Regionen sind Freilandsukkulenten der Gattungen *Sedum* und *Sempervivum* keine Unbekannten. Teilweise kamen sie als »Bergflüchtlinge« über Kloster- und Pfarrgärten letztlich auf Friedhöfe, wo sie als Dauerpflanzung jahrzehntelang das einmal bepflanzte Grab und mit jedem Jahr mehr auch die nächste Umgebung besiedelten. Bei der Grabgestaltung mit *Sempervivum* galten auch religiöse Motive (lateinisch sempervivus = immerlebend) als über Generationen hinweg vererbte Tradition.

Als Begleitpflanzen dienten vornehmlich Zwerggehölze, kleinwüchsige Stauden und Blumenzwiebeln. Gerade diese Kombination hat sich auf vielen Friedhöfen durchgesetzt und bietet in zahlreichen Varianten einen äußerst haltbaren Ganzjahresschmuck. Fast überall hat diese Art der Bepflanzung das besonders auf Stadtfriedhöfen vorherrschende »Waldgrab« aus den Jahren nach dem 2. Weltkrieg stark verdrängt. Man hat erkannt, daß durch eine Kombination von pflegeleich-

Bild 18. *Sedum sieboldii* und verschiedene Semperviven auf einem Wurzelstock. Foto E. Kleiner

ten, willig blühenden und vor allem dekorativen Kleinstauden, wozu auch die hier genannten sukkulenten Pflanzen gehören, der Pflegeaufwand, im besonderen das Gießen, stark reduziert wird.
Für die Grabbepflanzung können folgende Möglichkeiten unterschieden werden:
Einzelstellung von nichtwuchernden Freilandsukkulenten (z.B. großwüchsige Semperviven, *Sedum spectabile* usw.)
Flächenbepflanzung für üppigen Bewuchs mit Arten der Gattung *Delosperma* und *Sedum*
Grabeinfassungen mit *Sempervivum* und *Sedum*. Pflanzen dieser Gattungen lassen sich relativ leicht korrigieren. Durch ihr weitreichendes Wurzelsystem und die dichte Anordnung der Triebe wird das Aus- und Abschwemmen von Erde aus dem Pflanzbereich des Grabes nahezu ausgeschlossen.

Empfindliche Sukkulenten unter Glas

Winterliche Niederschläge sind die Hauptursache für öftere Ausfälle bei Freilandsukkulenten. In Landschaften mit hoher Niederschlagsmenge, bei ungünstigem Kleinklima und auch beim Sammeln von noch nicht akklimatisierten Pflanzen ist eine Abdeckung zwischen September und März mit Abdeckhauben aus durchsichtigen Materialien wie Glas, Acryl oder Folie zu empfehlen. Eine individuell einsetzbare Möglichkeit ist der Folientunnel, wie er bei manchem Hobbygärtner Verwendung findet. Sehr wichtig ist, daß die Luft zirkulieren kann und kein Tropfwasser auf die abgedeckten Pflanzen fällt. Das Ganze ist nicht als Kälteschutz, sondern zum Abhalten der Niederschläge gedacht, Windsicherung nicht zu vergessen, zudem müssen Schneelasten entfernt werden.
Vielfach dienen auch leerstehende Frühbeete als vorübergehende Pflanzorte für empfindliche Freilandsukkulenten. Auch hier muß auf gute Durchlüftung geachtet werden. Am besten bleibt die Abdeckung immer eine Handbreit offen. Um eine Verweichlichung der Pflanzen zu verhindern, sollte die Abdeckung bei trockenem Wetter entfernt werden. Selbstverständlich hat sie zwischen März und September nur bei wochenlangem Regen, sonst aber nichts auf dem Kasten zu suchen.
Kleingewächshäuser, als Kalthaus ge-

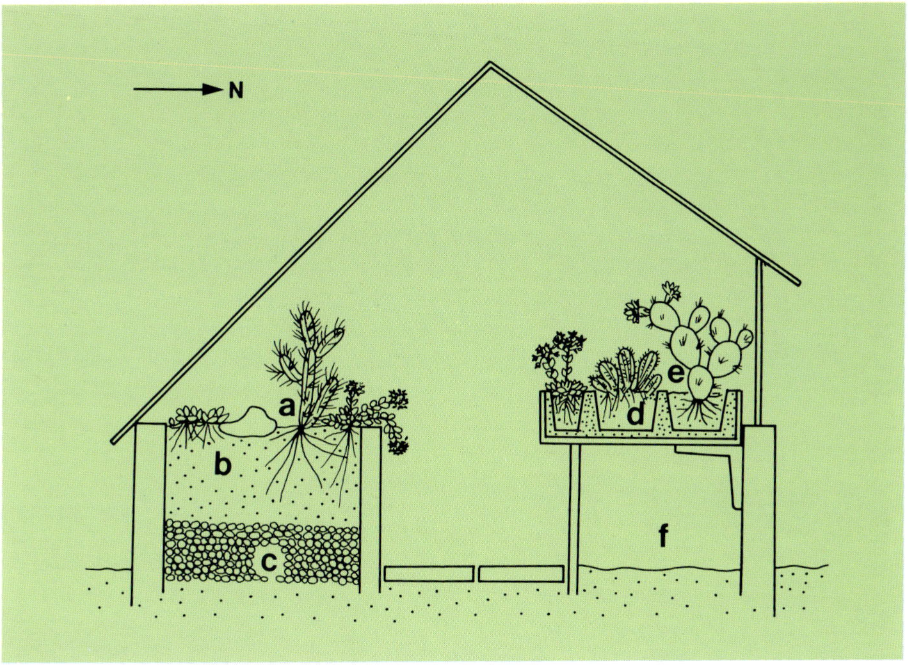

Bild 19. Das Kalt- oder Alpinenhaus kann in besonderen Fällen empfindlichen Freilandsukkulenten einen idealen Pflegeplatz bieten. Im allgemeinen unterscheidet man hier zwischen freier Auspflanzung und der Kultur in Behältern. Freie Auspflanzung. Die Pflanzen stehen in einem Gemeinschaftssubstrat (b), begrenzt durch stabiles Mauerwerk, Winkelsteine o.ä. Das untere Drittel dieses Pflanzbeets enthält eine Dränage (c). Der Gestaltung solcher Anlagen sind keine Grenzen gesetzt. Naturnahe Dekoration mit Tuffsteinen, abwechslungsreich modellierte Oberfläche und Abdeckung mit interessanten Materialien (Bims, Lava, Granit usw.) sind nur einige der Möglichkeiten. Kultur in Töpfen oder Schalen (d). Die Pflanzen wachsen jeweils im eigenen Substrat; sie lassen sich samt Behälter mühelos herausnehmen und leicht umgruppieren. Als Pflanztisch dient ein auf Stützen oder Konsolen (f) montierter, 20 — 30 cm hoher Asbestzementkasten, der mit Sand gefüllt ist. In diese Füllung werden die Behälter eingefüttert.

nutzt, sind zweifellos ideale Pflegeplätze für Freilandsukkulenten, denen Regenschutz gegeben werden muß. Man kennt diese Art der Unterbringung als Winterstandort, bei freier Aufstellung der Pflanzgefäße, oder für eine Dauerkultur unter Glas, ähnlich wie sie als Alpinenhaus in botanischen Gärten zu finden ist. Besonders in England ist diese Art der Unterbringung verbreitet. Entscheidend für das möglichst natürliche Aussehen der Pflanzen ist eine hohe Lichtdurchlässigkeit der Abdeckmaterialien möglichst im UV-Bereich und ein geringer Abstand der Sukkulenten zur Bedachung. Damit werden unschöne Wuchsformen und abnorme Farbverluste der Blätter und Blüten vermieden.

Sinnvoll ist das Aufstellen in Einzeltöpfen oder Schalen auf Tischen bei Sandeinfütterung. Es läßt sich aber auch eine kleine Sukkulentenlandschaft, mit interessanten Steinen dekoriert, anlegen. Auf eine 5 bis 10 cm hohe Dränageschicht kommt die möglichst unkrautfreie Pflanzerde, in die dann die Pflanzen eingesetzt werden (Bild 19).

Im Gegensatz zur direkten Freilandpflege hängt das Gießen zur Sommerszeit sehr stark von der Sonneneinstrahlung ab, deshalb immer gut belüften bzw. seitliche Fenster ganz herausnehmen. Dadurch hat die kühle und feuchte Luft zur Nachtzeit freien Zutritt. Bereits im September sollten die Feuchtigkeitsgaben stark reduziert werden. Ab Mitte Oktober absolut trokken halten.

Das Kalthaus ist für die Anzucht von Freilandsukkulenten bestens geeignet. Die zahlreichen Individualwünsche lassen sich im Schutze der Abdeckung nahezu spielerisch erfüllen.

Sonne für den Wüstengarten

Mit Wüstengarten ist nichts anderes gemeint als ein sonnigwarmer Platz in einem Garten ohne Wasser. Tatsächlich, bei entsprechender Pflanzenauswahl und Gestaltung (vgl. Seite 15) ist dieser in vielerlei Hinsicht mit Stein- oder Alpengärten vergleichbare Garten ohne Probleme.

Auch hier hat die Sonne entscheidenden Einfluß auf gesundes Wachstum, herrliche Blüten und damit auf den Zierwert vieler Arten. In voller Sonne färben sich die Rosetten der Semperviven intensiver, bereits im Herbst vor dem neuen Blütenjahr wird die Knospenbildung angeregt, etwa durch Tiere verursachte Wundstellen heilen schneller, die Blüten öffnen sich zu voller Schönheit. Die Sonnenwärme lockt aber auch viele Insekten an, und sie er-

Bild 20. *Sedum album* und *Delosperma cooperi* eignen sich sehr gut zur Flächenbepflanzung. Foto E. Kleiner

wecken dieses kleine Stück Paradies vor der Haustür erst richtig zum Leben.
Nach Süden ausgerichtete, zur Sonne hin geöffnete Pflanzplätze sind für viele Freilandsukkulenten geradezu lebenswichtig.
Ist Windschutz vorhanden, und kommen Steine als Wärmeregulatoren hinzu, wird ein solcher Garten besonders schön – zur Verwunderung mancher Gartenfreunde. Nur zu oft wird ein nach Süden orientierter Garten mit schlechtem Boden für problematisch angesehen.
Auch Atriumgärten, in denen sich die Hit-

ze staut, und freiliegende Dachgärten in luftiger Höhe, auch bepflanzte Betonkübel an extrem heißen Stellen müssen durchaus kein gartenarchitektonisches Problem bleiben. Bereits Flächenpflanzungen mit *Delosperma, Sedum* (Bild 20), *Sempervivum* und *Opuntia* werten den bisherigen Schandfleck auf und geben ihm mit weiteren Stauden, wie Lavendel, *Lavandula angustifolia,* der Kugeldistel, *Echinops ritro* 'Veitchs Blue' und der Edeldistel, *Eryngium* in Sorten, ein buchstäblich mediterranes Gepräge. Wirkungsvoll sind die Blütenstände der Schmucklilie. *Agapanthus campanulatus* 'Headbourne Hybrids', mit etwas Winterschutz sehr hart, der Junkerlilie, *Asphodeline* in Sorten, und der Königskerze, *Verbascum,* mit zwei- und mehrjährigen Vertretern. Den Hauch des Südens bringt außerdem der Diptam, *Dictamnus albus,* sehr langlebig in kalkhaltigen Böden, und die Spornblume, *Centranthus ruber,* mit himbeerroten (Hintergrund Bild 33) und weißen Blüten. Davor wächst die Walzenwolfsmilch, *Euphorbia myrsinites,* und der Zwergalant, *Inula ensifolia,* mit gelben Kronblüten. Wer will, kann einjährige Sukkulenten wie Mittagsblümchen und Portulakröschen dazupflanzen. Nichtsukkulente Gazanien und Kapaster, beide aus Südafrika, und Kanarische Chrysanthemen, *Chrysanthemum frutescens,* runden das bunte Bild der Sonnenanbeter ab.

Manche gedeihen auch absonnig

Es ist kaum zu glauben, aber unter den für unendlich viel Sonne gedachten Freilandsukkulenten gibt es einige, denen Schattenplätze weit mehr zusagen. Vor allem sind es Lewisien, die an absonnigen Stellen ihre volle Schönheit entfalten. Dazu läßt sich sehr gut *Chiastophyllum oppositifolium,* das Goldtröpfchen oder Walddickblatt pflanzen, das vom Kaukasus in unsere Gärten kam und hier willig auf 15 cm hohen Rispen kleine, gelbe Blüten bringt. *Sedum kamtschaticum* ist ebenfalls eine dankbare Pflanze für lichten Schatten, z.B. unter Laubgehölzen, und blüht dort wie auch die Varietäten noch sehr reich. Die Rosenwurz, *Rhodiola rosea,* möchte unbedingt einen absonnigen Platz. Mit ihr noch zahlreiche andere der über einhundert Arten der Gattung *Rhodiola.*

Die richtige Pflanzerde

Die immer wieder im Zusammenhang mit Freilandsukkulenten genannte Anspruchslosigkeit basiert nicht zuletzt auf bescheidenen Ansprüchen an die Pflanzerde. Dies ist eines der Mitbringsel aus ihrer Heimat, dem Hochgebirge und den steppenartigen Gebieten unserer Erde. Das heißt jedoch nicht, daß sie in absolut nährstoffarmen Böden gut wachsen und blühen; vor allem die winterharten Opuntien wollen in zu mageren Böden einfach nicht fortkommen. Die Praktiker verwenden deshalb für Freilandsukkulenten eine Mischung von Gartenerde, Lehm und grobem Sand in etwa gleichen Teilen, die dann ganz individuell auf die einzelnen Bedürfnisse abgestimmt wird. Gerade humusliebende Pflanzen, wie Arten der Gattungen *Sedum* und *Sempervivum,* verlangen nach Torfzusatz, es sei denn, einzelne Arten mögen alkalischen Boden. Torf zeigt eine sauere Reaktion, sein pH-Wert liegt zwischen 3,5 und 4,5. Allerdings hat Torf den Nachteil, daß er Feuchtigkeit zu sehr bindet. Viele Freilandsukkulenten haben es dadurch sehr schnell und zu lange feucht, vor allem dann, wenn die kalte Jahreszeit bevorsteht und die Pflanzen es mehr trocken als naß haben sollten. Agaven-, *Delosperma-* und alle Kakteen-Arten pflanzt man deshalb in vorwiegend mineralische Erden (vgl. oben). Sie entsprechen weitgehend den natürlichen Bodenverhältnissen in den Heimatgebieten. Außerdem weisen sie wertvolle physikalische Eigenschaften auf, die bereits bei $\frac{1}{3}$-Anteilen im Substrat voll zur Wirkung kommen: Große Luftdurchlässigkeit, leichte Erwärmung und gute Einlagerungsmöglichkeit für Nährstoffe. Gemeint sind vorzugsweise Materialien vulkanischen Ursprungs wie Bims und Lava in der Körnung 0 — 16 mm. Der Einwand, diese porösen Substanzen speicherten zuviel Feuchtigkeit, die letztlich zu Staunässe, dem größten Feind aller Freilandsukkulenten, führen könnte, ist unbegründet. Selbst eine maximale Sättigung liegt bei etwa 15 bis 20 Volumen-% und bedeutet keineswegs eine Beeinträchtigung der Wurzelatmung und weiterer dadurch bedingter Nachteile: Überschüssiges Wasser fließt ab, dank einer Dränage (Dränplatten aus dem Baustoffhandel, Ziegelbrocken, grober Kies, Schlacken oder Styroporflokken), die man hoffentlich bereits bei der Planung des Pflanzbeetes berücksichtigt hat. Styroporflocken dürfen nur bei Windstille eingebracht werden, damit sie nicht weggeweht werden. Die Dränageschicht sollte 6 bis 15 cm dick auf die Muttererde gebracht werden. Darüber kommt ein Vlies oder einfach Kiessand (Körnung 0 bis 3 mm) in einer 2 — 3 cm hohen Schicht.

Erst dann folgt die eigentliche Sukkulentenerde, für flachwurzelnde Sukkulenten genügt eine Stärke von 10 cm.
Nach der Pflanzung sollte die Erde mit kleinen Kieseln abgedeckt werden. Diese verhindern das Abschwemmen des Substrats, dienen als Wärmeregulatoren und sehen außerdem recht natürlich aus. Oft wird Kies in allerlei Strukturen verwendet; gut eignet sich Basalt- oder Granitsplitt. Bewährt haben sich auch Blähton, gebrochen in einer Körnung von 3 — 10 mm, oder vulkanische Lockergesteine wie Bims und Lava. Doch aufgepaßt bei steilen Pflanzpartien! Hier werden leichte Materialien wie Blähton und Bims bei Regen gern abgeschwemmt. In diesem Fall lohnt sich die Verwendung von schwereren Substanzen wie Basalt, Granit, Kies und Lava.

Vom richtigen Gießen und Düngen

Mit der Behauptung, Freilandsukkulenten dürften zur Wachstums- und Blütezeit weder dürsten noch hungern, gerät die viel zitierte Anspruchslosigkeit dieser Pflanzen ins Zwielicht. Je nach Herkunft der Pflanzen läßt sich manches Bedürfnis bereits durch geschickte Auswahl der Pflanzerde befriedigen.
Zusätzliche Wassergaben sind z.B. im Sommer bei längerer Trockenheit für alle Freilandkakteen erforderlich. Damit wird der jährliche Zuwachs an Neutrieben gesichert, der bekanntlich im nachfolgenden Jahr die meisten Blüten bringt. Zu wenig Feuchtigkeit in der Wachstumsperiode bedeutet Kümmerwuchs und überhaupt schlechten Allgemeinzustand der Pflanzen.
Gießfeuchtigkeit benötigen vor allem frisch eingesetzte Pflanzen, solange sie noch nicht bewurzelt sind. Das einsetzende Wurzelwachstum zeigt sich im Ausbilden neuer Triebe. Sukkulenten in kleineren Pflanzgefäßen wie Tröge und Kästen sollte man bei sommerlicher Hitze nicht dürsten lassen. Auch dem Sukkulentenstein bringt eine Dusche neues Leben. Natürlich immer gegen Abend, damit die Feuchtigkeit von den Pflanzen und ihrer Umgebung langsam aufgenommen werden kann und nicht einfach in der Tageswärme verdunstet.
Gießwasser sollte qualitativ einwandfrei sein. Man achte deshalb darauf, daß Regentonnen laufend entleert und anschließend gereinigt werden. Faulendes Wasser

ist nicht selten die Ursache für Erkrankungen.
Wenn Pflanzen wachsen und blühen, dazu gesund und widerstandsfähig bleiben sollen, müssen sie richtig ernährt werden. Dies gilt auch für Freilandsukkulenten. Man weiß wohl, daß gerade sie in der Lage sind, aus Gesteinen die Grundnährstoffe (Stickstoff, Phosphor, Kalium) und auch Spurenelemente herauszulösen.
Selbstverständlich ist beim Düngen auch das Wuchsverhalten zu berücksichtigen. So sind zum Beispiel Stickstoffgaben für stark wuchernde Arten völlig unangebracht. Überhaupt sollte man immer wieder versuchen, die Freilandsukkulenten an ihren oft recht extremen Heimatstandorten zu studieren. Vor allem Trockengebiete weisen in der Erde vorwiegend Tiefennährsalze als Produkte mineralischer Verwitterung auf. Dies bedeutet wenig Nitrate und damit Stickstoffsalze.
Es lohnt sich, vor allem den Freilandkakteen, Lewisien- und *Delosperma*-Arten ab etwa Anfang Mai bis Ende Juli in 14tägigen Abständen Nährstoffe zuzuführen. Als einfachste Form gilt die Flüssigdüngung. Dazu werden entweder Nährsalze in Wasser gelöst oder flüssige Düngerkonzentrate mit Wasser verdünnt. Eine ganze Reihe für Kakteen bewährte Dünger können ausnahmslos empfohlen werden. Letztlich entscheidet der Preis, weil die Aufwandmenge für die Gartendüngung aus verständlichen Gründen größer ist.
Ausgezeichnete Ergebnisse ließen sich mit Superphosphat (1 Eßlöffel/10 l Wasser) erzielen (2- bis 3mal im Spätsommer). Dies erhöht die Widerstandsfähigkeit und die Blühfreudigkeit für das nachfolgende Jahr.
Manche Nährsalze lassen sich gut als Streudünger verwenden. Seit vielen Jahren hat sich ein Spezial-Vollnährsalz Marke »A« von Prof. Dr. Buxbaum bewährt. Es wird einfach auf die trockene Freilandsukkulentenanlage gestreut und dann durch Überbrausen eingewässert. Mit jeder weiteren Feuchtigkeitszufuhr, sei es durch Gießen oder Regnen, löst sich ein Teil der Nährstoffe und kann von den Pflanzen aufgenommen werden. Um eine möglichst vollständige Aufnahme durch die Wurzeln zu gewährleisten, sollte man den Dünger bereits bei Beginn des Wachstums ausbringen.
Einige Bedeutung gerade für Freilandsukkulenten haben die mit organischen Substanzen angereicherten Erden. Ein Geheimtip ist der auch bei Erfolgsgärtnern vielfach verwendete Guano, dessen Nährstoffzusammensetzung dem Bedarf nahezu aller Sukkulenten sehr nahe kommt.
Sinnvoll ist die Untermischung zur Pflanzerde (80 g/qm) etwa 3 Wochen vor der Pflanzung. Ein wichtiger Faktor: Organische Dünger entfalten nur dann ihre volle Wirkung, wenn der Anteil der mineralischen Bestandteile (Sand, Bims u.ä.) nicht mehr als 50% beträgt. Dies gilt selbstverständlich auch für die Verwendung von Blut-, Horn- und Knochenmehlen, denen ebenfalls wertvolle Eigenschaften zur langfristigen Bodenverbesserung nachgesagt werden.

Keine Angst vor dem Winter

Entscheidend für verlustloses Überwintern im Freien ist die kontinuierliche Anpassung des sukkulenten Pflanzenkörpers an Minustemperaturen. Da, wo sich Pflanzen durch Wasserentzug aus dem Gewebe systematisch auf den Winter vorbereiten können, z.B. durch Schrumpfen, ist die Überlebenschance am größten. Recht eindrucksvoll beweisen dies die Triebe von verschiedenen, absolut winterharten Opuntien, die sich in der wärmeren Jahreszeit aufrecht und prall, bereits im Oktober aber niederliegend und geschrumpft, dem Beschauer offenbaren.

Hart und unverwüstlich

Im allgemeinen kann man davon ausgehen, daß die Mehrzahl der bis heute als winterhart erkannten Sukkulenten ohne besondere Schutzmaßnahmen überwintern. Sie sind damit den zahlreichen robusten Gartenpflanzen gleichzusetzen. In Einzelfällen kann allerdings an ungeschützten Gartenplätzen ein vorübergehender Schutz, z.B. gegen Niederschläge, erforderlich sein. Mit gutem Erfolg wurden hierfür Hauben oder Kästen aus Styropor verwendet. Sie müssen jedoch einige, an geschützter Stelle angebrachte, daumengroße Löcher aufweisen, die der Luftzirkulation dienen. Ferner sollte man das Ganze mit einem Stein o.ä. beschweren, damit die Gefahr des Wegfegens durch Winterstürme ausgeschaltet wird. Immerhin läßt sich dadurch ein absoluter Schutz gegen Niederschläge und eine Reduzierung der winterlichen Tiefstwerte um 4 — 6 Grad C erreichen.

Nach 2 — 3 Jahren sind die so geschützten Pflanzen völlig immun gegen derartige Einflüsse geworden, daß jegliche Schutzmaßnahmen entfallen können.

Ein Abdecken mit Fichten-, Tannen- oder Kiefernreisig, wie es vielfach empfohlen wird, kann nur für den Schutz bestimmter Pflanzen sinnvoll sein, u.a. bewährte es sich für *Sedum spectabile* und alle *Lewisia*-Arten. Etwas nachteilig scheint es für die winterharten Arten der Gattung *Opuntia* zu sein. Nicht abgedeckte Pflanzen gewöhnen sich weitaus besser an die Frühjahrssonne und blühen wesentlich reicher.

Mit Regenschutz überwintern

Das Sortiment der Freilandsukkulenten läßt sich erheblich erweitern, wenn der Faktor Feuchtigkeit, gleichgültig ob Erd- oder Niederschlagsfeuchte, beeinflußbar geworden ist (vgl. Seite 40). Gedacht sei hier an fortgeschrittene Liebhaber, die einige »harte Arten« der Gattungen *Aloë*,

Corynopuntia, *Coryphantha*, *Crassula*, *Cylindropuntia*, *Echinocereus*, *Escobaria*, *Lewisia*, *Neobesseya*, *Opuntia*, *Pediocactus*, *Sclerocactus*, *Sedum*, *Sempervivum* und *Tephrocactus* mit meist gutem Erfolg an sorgfältig vorbereiteten und geschützten Freilandplätzen kultivieren. Bereits Standorte in Hausnähe, gegen Norden und Osten abgeschirmt, oder eine nach Süden offene Überdachung mit Frühbeetfenstern o.ä. erhöhen die Kälteresistenz um ein Mehrfaches.

Besondere Pflegemaßnahmen

Die Arbeiten im Freilandsukkulentengarten sind auch in der kälteren Jahreszeit äußerst gering. Sie beschränken sich auf das Entfernen vollreifer Früchte der Opuntien. Unterbleibt dies, bildet sich leicht Fäulnis im unmittelbaren Bereich des Fruchtansatzes, was nicht selten bis zum Frühling den gesamten Trieb zum Absterben bringen kann.

Im Spätwinter oder zeitigen Frühjahr ist bei *Crassula*-, *Delosperma*- und, sofern nicht bereits im Vorjahr geschehen, auch bei den niederen *Sedum*-Arten eine Säuberung vorzunehmen. Abgestorbene Blütentriebe der Semperviven sollten bereits nach der Blüte, spätestens etwa September/Oktober, am besten mit den abgetrockneten Rosettenresten herausgezogen werden. Das Entfernen der vorjährigen Triebe höher wachsender *Sedum*-Arten, wie *Sedum spectabile* (Herbstblüher), darf in jedem Fall erst im Frühjahr, etwa März/April, erfolgen. Damit wird die Gefahr, daß durch vorzeitiges Entfernen der krautartigen Triebe Wasser in die hohlen Stengel dringt und der Wurzelstock erfriert, ausgeschaltet.

Zusammenfassend kann gesagt werden, daß alle abgetrockneten Blühteile krautartiger Freilandsukkulenten abgestorben sind und deshalb spätestens vor dem neuen Austrieb entfernt werden müssen. Sinngemäß gilt dies auch für kranke Triebteile und solche, die bei den alljährlich mindestens einmal vorgesehenen Korrekturen als überflüssig angesehen werden.

Schutz vor Vögeln

Es ist kaum zu glauben, daß gerade Vögel im winterlichen Sukkulentengarten allerlei Unfug treiben. Vor allem die einstmals scheue Amsel hat sich zum Schrecken der Sempervivenpolster entwickelt. Milde, schneearme Winter aktivieren ihre Suche nach Nahrung am Grunde der Rosetten, wo sich allerlei Kleingetier verborgen hält. Dabei werden nicht selten Pflanzen herausgerissen und verstreut. Wenn dann noch aus reinem »Übermut« Etiketten herausgezogen und verschleppt werden, ist das Ärgernis komplett. Es lohnt deshalb, auch aus ästhetischen Gründen, die allgemein verwendeten Stecketiketten aus Kunststoff, nahezu unsichtbar, d.h. bis auf wenige Millimeter Überstand, in die Erde zu stecken. In kiesigen Substraten ist das Vorstechen mit einem Messer angebracht. Zum Etikettieren der Opuntien hat

Bild 21. Winterharte Opuntien im Schnee; die leuchtendroten Früchte sind begehrtes Vogelfutter. Foto E. Kleiner

sich eine einfache Methode bewährt: Den Beschriftungsstreifen lochen, mit Bindedraht versehen und an untere, verholzte Triebteile anbinden. Leider sind auch die farbenprächtigen, bis zum Einbruch des Winters gereiften Früchte der Opuntien zu begehrtem Vogelfutter geworden (Bild 21). Wer Samen ernten will, kommt nicht umhin, Schutzmaßnahmen zu ergreifen. In all diesen Fällen muß überlegt werden, ob nicht durch Vogelschutznetze im Winter größere Schäden verhindert werden können.

Vermehrung durch Samen

Irgendwann entsteht bei jedem Sukkulentenfreund das Verlangen, seine Pflanzen selbst aus Samen heranzuziehen. Sei es nun zum Aufbau einer Sammlung oder einfach um das Sortiment zu erweitern. Es ist erfreulich, daß von Jahr zu Jahr mehr Samen von Freilandsukkulenten, vor allem Mischungen, angeboten werden. Hinter oft bunten Samentüten und einer in Kurzform aufgedruckten Aussaatanweisung steht meist ein großes Fragezeichen. Vor allem, wenn man *Sedum*- und *Sempervivum*-Samen vor Augen hat. Sie sind winzig klein. Auf je ein Gramm Samen von *Sedum* kommen 15 000, von *Sempervivum* 40 000 — 100 000 Korn. Meist stehen züchterische Interessen im Vordergrund, um neues Pflanzenmaterial zu bekommen. Gerade diese beiden Gattungen lassen sich nämlich sehr gut vegetativ, also durch zahlreich gebildete Seitentriebe, meist schon an der Elternpflanze bewurzelt, vermehren.

Sedum- und *Sempervivum*-Samen sät man im zeitigen Frühjahr in Töpfe oder Schalen in eine sandige, leicht humose Erde. Die winzigen Samen werden nicht überdeckt, sondern nur leicht angedrückt, von oben laufend besprüht oder bei Bewässerung von unten mildfeucht gehalten. Eine über das Aussaatgefäß schräggestellte Glasplatte sorgt für ein günstiges Keimklima. Diese beiden Gruppen lassen sich aber auch das ganze Jahr über aussäen, es sind Normalkeimer. Frühjahrsaussaaten haben jedoch den Vorteil, daß die Jungpflanzen bis zum Herbst fast erwachsen und kräftig genug sind zum besseren Überwintern.

Anders bei *Lewisia*. Beste Aussaatzeit ist Dezember, Frühjahrsaussaaten bringen oft keine Ergebnisse. Eine kurze Frosteinwirkung (Stratifizierung) beschleunigt den Keimvorgang, pikiert wird nach Ausbildung des ersten Blattpaares. Zuviel Prallsonne läßt die kleinen Pflänzchen kümmern.

Für die Anzucht von Kakteen aus Samen muß etwas mehr Sorgfalt aufgewendet werden. Sie keimen auch nicht wie die vorgenannten Freilandsukkulenten an kühlen Aufstellplätzen, z.B. im Kalthaus, sondern benötigen mehr Keimtemperatur irgendwo im Warmhaus oder am warmen Fenster. Aussaatzeit: Dezember bis Mai, wie bereits beschrieben. Anstelle von feingesiebter Kakteenerde als Aussaatsubstrat können auch rein mineralische Substanzen (Bimskies, Lavagrus, Perlite u.ä.) verwendet werden. In der Vorbehandlung und im Keimverhalten gibt es selbstverständlich in der vielgestaltigen Kakteenfamilie einige Unterschiede. So sind z.B. *Maihuenia* und *Tephrocactus* Frostkeimer.

Man sät sie entweder gleich im Garten vor Wintereinbruch direkt oder in Schalen aus. Nach wiederholter Frosteinwirkung erfolgt die Keimung mit der wärmenden Frühjahrssonne an der Aussaatstelle, im Kalthaus oder an einer geschützten Stelle in Hausnähe.

Die Samen der winterharten Opuntien besitzen harte Schalen. Trotz Stratifizierung keimen in den ersten beiden Jahren nach der Samenernte kaum 30%, im dritten Jahr etwa 50%. Durch Reiben zwischen Sandpapier wird die Samenschale aufgerauht; dadurch dringt leichter Feuchtigkeit ein und kann die Keimung fördern. Besser ist jedoch ein 48stündiges Einweichen in eine 5%ige Pepsinlösung. Diese Methode ersetzt die Darmpassage. Denn in der Heimat werden die saftigen Opuntienfrüchte gerne von Tieren gefressen. Beim Durchwandern des Verdauungstraktes wird die Samenhülle so weit zersetzt, daß die Samen nach Ausscheidung mit den Exkrementen sofort keimfähig sind. Was leider oft in der Kakteenheimat dann fehlt, ist Wasser. Unter der Obhut des Liebhabers stellt dieser Faktor kein Problem dar.

Die Anzucht erfolgt wie bei *Sedum* und *Sempervivum*. Aus großen Samen der Opuntien kommen auch große Sämlinge mit ebenso großen Keimblättern. Erst später wächst aus ihrer Mitte der eigentliche Kaktus hervor, oft auch aus Selbstaussaat irgendwo im Garten.

Winterharte Agaven sind sehr einfach aus Samen heranzuziehen. Das Keimergebnis liegt meist bei 100%. Deshalb möglichst nur Portionen und nicht 100 und mehr Korn zur Keimung bringen.

Viele Freilandsukkulenten vermehren sich oft ohne unser Zutun. Im Schutze ihrer Eltern wachsen Sämlinge heran, die von Generation zu Generation besser die Wetterkapriolen unseres Klimas überstehen, also immer härter werden. Überhaupt bringt eigenes oder aus der Heimat importiertes Saatgut weitaus unempfindlichere Pflanzen hervor als solches, das im Warmhaus gewonnen wurde oder aus klimatisch günstigeren Gebieten wie dem Mittelmeerraum stammt.

Einfache Stecklingsvermehrung

Die Stecklingsvermehrung nimmt bei den Freilandsukkulenten einen beachtlichen Platz ein. Nicht zuletzt deswegen, weil die meisten von ihnen Tochterrosetten oder irgendwelche Seitentriebe bilden, die sich fast zu jeder Jahreszeit abnehmen und weiterverwenden lassen.

Günstigster Zeitpunkt für die Vermehrung ist das späte Frühjahr. So sind um diese Zeit abgetrennte Tochterrosetten der Sempervivem bereits bis zum Sommer erwachsen und bilden selbst schon wieder Nachwuchs. Auch die Sternwurz, *Orostachys spinosus*, kann hier eingestuft werden. Eine Ausnahme stellt *Jovibarba heuffelii* dar, deren neue Rosetten durch Vervielfältigung der Mutterrosetten gebildet werden. Die gemeinsame Pfahlwurzel wird regelrecht längs durchgeschnitten, das Teilstück darf erst nach zwei- bis dreitägigem Abtrocknen mit der Pflanzerde in Berührung kommen.

Sedum-Arten entpuppen sich in der vegetativen Vermehrung fast wie Unkraut. Nicht nur, daß die zahlreichen Seitentriebe als Ableger oder Rißlinge in der wärmeren Jahreszeit sofort anwurzeln und weiterwachsen, sondern auch daß abgenommene Blätter als Blattstecklinge dienen können. Sie werden einfach abgedreht und leicht schräg in ein Sand/Torf-Gemisch gesteckt. Beste Zeit: März bis Juni, bei *Sedum spectabile* und *Sedum telephium* von Juni bis August.

Kugel- und kleinsäulige Kakteen bilden teilweise Seitentriebe oder Kindl, die oft schon an der Mutterpflanze Wurzeln be-

Bild 22. Stecklingsvermehrung bei *Opuntia*: Eine Apotheker- oder Tiegelzange schützt vor Dornen und den unangenehmen Glochidien. Foto E. Kleiner

sitzen. Beim Abschneiden Schnittstelle mit möglichst granulierter Holzkohle behandeln und abtrocknen lassen. Nach etwa einer Woche einpflanzen, Wärme und öfteres Besprühen fördern die Wurzelbildung. Lohnend bei diesen wie auch bei der Vermehrung winterharter Feigenkakteen, durch »Ohren«, ist die Verwendung von Bewurzelungshormonen. Nach dem Abtrocknen Schnittfläche in das Präparat eintauchen und bei pulvrigen Substanzen Steckling am Gefäßrand abklopfen, damit ein zu dicker Belag entfernt wird, dann einpflanzen. Winterharte Opuntien können im Frühjahr, noch besser im August als Stecklinge geschnitten werden. Doch aufgepaßt: Sie tragen Dornen und die sehr unangenehmen Glochidien (= Widerhäkchen), die sich leicht in die Haut bohren und nur mit Mühe entfernt werden können (Bild 22).

Lewisien lassen sich durch Tochterrosetten, jedoch auch durch Blattstecklinge vermehren. Abnahme der an den älteren Triebteilen gewachsenen Nebenrosetten im späten Frühjahr, Blattstecklinge werden am besten im September/Oktober gemacht. Sie bilden am ehesten in fast reinem Sand ihre Würzelchen und danach das kleine *Lewisia*-Pflänzchen. Überwinterung der Jungpflanzen im Kalthaus oder an regengeschützter Stelle, jedoch nicht ganz austrocknen lassen.

Die Vermehrung der *Delosperma*-Arten erfolgt durch abgeschnittene Triebteile. Beste Zeit für den Stecklingsschnitt: April oder August.

Die winterharten Agaven bilden bis auf *Agave parryi* willig Tochterrosetten, die unter der Erde, oft bis zu einem Meter weit wachsen und dann hervorbrechen. Man trennt diese Ausläufer etwa 10 cm unter der Erde mit einem Messer oder einer kleinen Schaufel ab und behandelt sie als Stecklinge. Dies kann während der ganzen Wachstumszeit durchgeführt werden.

Krankheiten und Schädlinge

Freilandsukkulenten werden im allgemeinen selten von Krankheiten und Schädlingen befallen. Trotzdem sollte man laufend den Gesundheitszustand der Pflanzen kontrollieren. Rechtzeitig erkannt, ist die Bekämpfung von Krankheiten und Schädlingen kein Problem.

Bereits beim Erhalt von Freilandsukkulenten sollten sie gründlich untersucht werden. Was nicht einwandfrei ist, kommt in Quarantäne. Sofern die eigene Diagnose des Befalls nicht eindeutig ist, helfen Samenfachgeschäfte und Pflanzenschutzberatungsstellen.

Einige Krankheiten werden durch Kulturfehler verursacht. Auch falsche Erdmischungen, unzureichende Dränagen und Überdüngung können bedenkliche Reaktionen auslösen. In vielen Fällen hilft auch der Ratschlag eines Erfahrenen.

Viruskrankheiten

<u>Symptome:</u> Bei einzelnen Arten der winterharten Opuntien treten während der winterlichen Ruhezeit schwarze Flecken an den Trieben auf, die sich rasch vergrößern und das ganze Blatt zum Abtrocknen bringen. Alte, verholzte Triebteile bleiben erhalten und treiben im folgenden Jahr neu aus. Doch auch die Neutriebe werden im nachfolgenden Winter wieder zerstört.
<u>Bekämpfung:</u> Es bestehen keinerlei Hinweise auf eine gezielte Bekämpfungsmöglichkeit. Befallene Pflanzen sind auszugraben und umgehend zu vernichten.

Pilzkrankheiten

Rost

<u>Symptome:</u> Braune, stäubende Pusteln auf Blättern von *Sedum*- und *Sempervivum*-Arten, die infolge des Befalls eine eigentümlich verlängerte Form bekommen.
<u>Bekämpfung:</u> Im Anfangsstadium spritzen mit Maneb (0,2%ig). Stark befallene Pflanzen vernichten.
<u>Vorbeugung:</u> Tritt meist nur bei Kultur unter Glas auf. Luftfeuchtigkeit herabsetzen, Benetzen der Pflanzen vermeiden. Solange Befall noch vereinzelt, kranke Blätter vorsichtig (keine Sporen verstreuen!) entfernen.

Fusarium-Fäule
Fusarium-Welke

<u>Symptome:</u> Faulstellen am Wurzelhals oder Sproßgrund. Später fällt ganzer Pflanzenkörper zusammen und vertrocknet. Äußerlich gesund erscheinende Triebe vor allem der kugeligen und kleinsäuligen Freilandkakteen weisen bräunlich verfärbtes Leitbündel auf.
<u>Bekämpfung:</u> Gießen oder spritzen mit Captan (0,1%ig) bei trockenem Wetter.
<u>Vorbeugung:</u> Da vorwiegend bei Sämlingen und Jungpflanzen auftretend: Sorgfältige Aussaathygiene. Kein faulendes Gießwasser aus Regentonnen nehmen!

Weitere Pilzkrankheiten verschiedener Sukkulenten, z.B. *Helminthosporium*- und *Phytophtora*-Naßfäule, *Botrytis*-Weichfäule und Schorfkrankheiten treten im allgemeinen bei Freiluftpflege selten auf. Verursacht werden sie durch hohe Luftfeuchtigkeit, wie sie oft bei mangelnder Belüftung von Unterglaskulturen zu finden ist.

Tierische Schädlinge

Woll- oder Schmierläuse

Weiß bepuderte oder von weißer Wachswolle verdeckte Läuse, verhältnismäßig leicht zu erkennen. Der Entwicklungszyklus führt vom Ei über einige Larvenstadien zum rosafarbenen, weiß bepuderten Tier. Durch die Saugtätigkeit ganzer Lauskolonien werden vor allem Kakteen und ihre Sämlinge erheblich geschwächt. Der Befall ist glücklicherweise im ungeschützten Freiland selten. In Hausnähe, an regengeschützten Plätzen oder im Kalthaus heißt es aufpassen!

Bekämpfung: Ablesen der Läuse mit einem Hölzchen oder steifborstigen Pinsel. Einzeltiere können durch Abtupfen mit Spiritus getötet werden. Nur bei außergewöhnlich starkem Befall spritzen mit Metasystox, E 605 oder PD 5, denen ein Netzmittel, z.B. Pril, beigemischt werden soll. Wiederholung nach 8 — 10 Tagen. Gebrauchsanweisung beachten!

Wurzelläuse

Sie leben an den Wurzeln und treten in trockenen und warmen Sommern vor allem an Kakteen- und *Delosperma*-Arten auf. Die schimmelartigen, weißwolligen Gespinste lassen sich mit der Lupe leicht erkennen. Durch die Saugtätigkeit der Wurzelläuse wird das Wachstum der Pflanzen stark beeinträchtigt; bei starkem Befall Welken und Vergilben. Sie zählen zu den gefährlichsten Schädlingen, weil sie oft zu spät erkannt werden.

Bekämpfung: Wie Woll- oder Schmierläuse. Bei Anwendung der Präparate muß die Bodentemperatur über 15 °C liegen.

Schildläuse

Sie befallen vorwiegend Opuntien und Agaven. Man erkennt sie an ihren gelblichen bis braunen Schildchen.

Bekämpfung: Schildchen mit einem angefeuchteten Schwamm aufnehmen, dann mit einem der obengenannten Insektizide bekämpfen.

Blattläuse

Sie saugen gerne an Knospen und zarten Jungtrieben von Opuntien- und *Sedum*-Arten. Besonders bei warmem und trokkenem Wetter vermehren sie sich mit einer Schnelligkeit, die nach einer Bekämpfung verlangt.

Bekämpfung: Bei geringem Befall genügt ein scharfer Wasserstrahl oder Betupfen mit spiritusgetränktem Pinsel. Als biologisches Mittel gilt das Aufstellen (Öffnung nach unten) kleiner Tontöpfe mit Holzwolle oder Moos zwischen den Pflanzen. Damit finden Ohrwürmer ein Zuhause, die als Lausvertilger ganze Arbeit leisten. Bereits in wenigen Tagen sind die Pflanzen lausfrei. Sonst lassen sich auch spezielle Blattlaus-Sprays einsetzen (Sprühabstand mindestens 30 cm!).

Spinnmilben

Auch als »Rote Spinne« bekannt. Mikroskopisch kleine Tierchen, deren Saugstellen anfangs mattgrün, dann gelblich oder bräunlich werden, weil das Gewebe abstirbt. Starker Befall ist im Garten selten. Außerdem befallen Spinnmilben nur einzelne Pflanzengattungen bzw. -arten, z.B. einzelne Echinocereen und Coryphanthen.

Bekämpfung: Mit speziellen Präparaten wie Kelthane oder Pentac, in zehntägigen Abständen spritzen, im Kalthaus lohnt der Einsatz von Räucherstäbchen oder -dosen, z.B. Bladafum. Damit keine Resistenz eintritt, sind die Präparate immer wieder zu wechseln.

Ameisen

Mit bedrohlichem Eifer bauen sie gerne im durchlässigen Boden der Freilandsukkulenten ihre Nester und besiedeln auch Knospen und Neutriebe mit Blattläusen. Sie sind oft mehr lästig als gefährlich.

Bekämpfung: Ein altes Hausmittel: Auslegen von mit Zuckerwasser getränkten Schwämmen. Die Ameisen sammeln sich dort und können durch Überbrühen getötet werden. Eigens zur Ameisenbekämpfung hergestellte Präparate streut man einfach auf Nester und Wege.

Asseln

Sie besiedeln vor allem feuchte Partien im Kalthaus, ziehen jedoch auch bei regnerischem Wetter zur Nachtzeit im Garten in großen Scharen zum Fressen aus. Fraßschäden treten vor allem an Sämlingen und Jungpflanzen auf.

Bekämpfung: Auslegen von ausgehöhlten Kartoffelhälften, Schnittfläche nach unten, und die Tiere einfach absammeln. Nur bei äußerst starkem Befall Anwendung von Parathionmitteln (Möhrenscheiben oder gequetschte Weizenkörner mit E 605 tränken oder mit Hortex o.ä. überpudern). Auch das gegen Schnecken sehr wirksame Mesurol ist ein gutes Mittel gegen Asseln.

Schnecken

Sie verursachen Schabe- und Lochfraß vor allem an Neutrieben, Knospen und Sämlingen. Äußerst gefährdet sind *Opuntia*- und *Delosperma*-Arten, ebenso *Dorotheanthus bellidiformis*, das einjährige Mittagsblümchen. Schleimspuren und grüner bis schwarzer Kot weisen auf einen Befall hin.

Bekämpfung: Durch Schneckenkorn-Präparate, z.B. Mesurol oder Limagard, als flüssiges Mittel. Auch sogenannte Schneckenfallen, meist mit Bierfüllung, helfen mit, die Schäden so gering wie möglich zu halten.

Nichtparasitäre Schädigungen

Ungünstige Umweltverhältnisse, Wetterkapriolen und Kulturfehler können Krankheiten mit typischen Symptomen verursachen. Wer aber die Ansprüche der Pflanzen kennt und berücksichtigt, kann bereits einige der nichtparasitären Schädigungen weitgehend ausschalten.

Gelbfärbung. Zuviel Feuchtigkeit führt zur Erkrankung der Wurzeln. Pflanzen herausnehmen, auf Faulstellen untersuchen, schlimmstenfalls als Steckling behandeln. Bei Lewisien tritt oft Chlorose auf, was sich ebenfalls als Gelbfärbung bemerkbar macht. Gießen mit Fetrilon bringt in Kürze Besserung, die Pflanzen werden wieder grün und wachsen weiter.

Rotfärbung. Entsteht durch plötzliche oder zu intensive Sonneneinstrahlung bei gleichzeitigem Wassermangel. Pflanzen unbedingt beschatten und feucht halten.

Bild 23. Mit Schattiergewebe lassen sich Neupflanzungen vor zu intensiver Sonneneinstrahlung schützen. Dadurch werden verzögertes Anwachsen und Verbrennungen vermieden. Foto E. Kleiner

Verbrennungen. Besonders nach Abschmelzen der Schneedecke ist ein regelrechter Sonnenbrand möglich: Blaßgelbe Partien, die nie mehr ausheilen und als Schönheitsfehler zurückbleiben. Vor allem Opuntien leiden darunter. Das immer wieder empfohlene Abdecken der Pflanzen mit Tannen-, Fichten- oder Kiefernzweigen zur Winterszeit soll nicht die Kälte, sondern die Spätwinter- und Frühlingssonne abhalten. In schneearmen und sonnenintensiven Gegenden kann diese Methode Schäden verhindern helfen. Ansonsten bringen Abdeckungen im Winter Nachteile, z.B. weniger Blüten.
Verbrennungen können auch bei Neupflanzungen entstehen, wenn der Sonne entwöhnte Sukkulenten in den Garten gepflanzt werden. Schattiergewebe sorgt für schadfreies Angewöhnen (Bild 23).

Verkorkung. Vor allem bei Kakteen, in vielen Fällen altersbedingt. Stickstoffkonzentrationen und ungünstige Pflanzplätze wirken beschleunigend. Zudem rufen falsch angewendete Pflanzen-Sprays ähnliche Erscheinungsbilder hervor. Bei unschön gewordenen Pflanzen lohnt ein Verjüngen durch Stecklinge.

Wachstumsstockung. Ursache dafür sind Wurzelschäden, Wasser- oder Nährstoffmangel, falsch angewandte oder ungeeignete Pflanzenschutzmittel.

Wurzelverlust. Gründe hierfür sind in zu schwerer Erde oder in Staunässe (unzureichende Dränage) zu suchen. Pflanzen als Stecklinge behandeln und durchlässiges Substrat verwenden.

Winterharte Sukkulenten – eine Auswahl

Von den zahlreichen Arten und vor allem Sorten kann hier nur eine begrenzte Auswahl vorgestellt werden. Wir beschränken uns dabei auf häufig vorkommende, leicht beschaffbare Vertreter dieser großen Gruppe, die sich durch auffallende Eigenschaften auszeichnen.

Mauerpfeffer und Verwandte

Kaum eine Gattung der Dickblattgewächse ist so weltweit verbreitet wie die des *Sedum*. Die nahezu 500 verschiedenen Arten gedeihen überwiegend dort, wo Hitze und Dürre, Kälte und Schnee zu Hause sind. Der Großteil der vielgestaltigen Arten, Formen, Varietäten und Hybriden ist in unserem Klima winterhart und stellt somit eine wertvolle Bereicherung für unsere Gärten dar.
Vornehmlich sind es die europäischen und asiatischen Arten, die schon vor langer Zeit Einzug in viele Steingärten hielten. In den letzten Jahren kamen einige neue Arten aus den USA hinzu. Damit ist das Freilandsortiment noch größer und die Einsatzmöglichkeit der vorwiegend polsterbildenden Pflanzen noch vielseitiger geworden.
Natürlich sind reiche und farbenprächtige Blüher besonders begehrt. Gerade bei vollsonnigem Standort nimmt das Blühen zwischen Mai und Oktober kein Ende. Ganze Teppiche von weißen, gelben, rosafarbenen und roten Blüten schmücken die *Sedum*-Ecke. Doch auch in schattigeren Lagen wird man auf Pflanzen der Gattung *Sedum* nicht verzichten müssen. Allerdings verlieren sie dort ihre gedrungene Wuchsform und die lebhafte Blatt- und Blütenfärbung. Ihr Wuchs wird üppiger und nicht selten bedrohlich für benachbarte Pflanzen.
Sedum-Arten eignen sich wegen ihres ra-

senbildenden Wuchses äußerst gut für die dauerhafte Begrünung von extrem heißen, also schwierigen Gartenplätzen. Hierzu gehört auch das Befestigen steilster Hänge mit einigen wüchsigen Arten. Sofern keine Jungpflanzen hierfür zur Verfügung stehen, schneidet man einfach von älteren Pflanzen im zeitigen Frühjahr oder dann im August von den zahlreich gebildeten Seitentrieben die kräftigsten Teile ab und pflanzt sie zu 3 – 5 Stück an ihren zukünftigen Standort mit ca. 30 cm Seitenabstand. Damit lassen sich auch steilste Hänge dauerhaft und dabei blütenschön begrünen.

Sedum-Arten stellen an die Pflanzerde keine besonderen Ansprüche. Sandig-lehmige Böden sorgen für gedrungenen Wuchs und intensive Blattfärbung. Gedüngt werden sollten nur die höherwachsenden Arten, die etwas mehr Pflege benötigen. Ihre Triebe sind einjährig, deshalb sind alljährlich im Frühjahr die inzwischen abgetrockneten Stengelteile zu entfernen. Alle den Staudengärtnereien entstammenden *Sedum* können als winterhart bezeichnet werden. Ihre vielseitige Verwendungsmöglichkeit trägt dazu bei, daß die Auswahl von Jahr zu Jahr größer wird. Mit dem vergrößerten Sortiment wachsen auch die Zweifel um die richtige Benennung, was vielfach dazu führt, daß die Pflanzen ohne Namen angeboten werden.

Einige Empfehlungen

Die zweifellos bekannteste *Sedum*-Art ist der Mauerpfeffer, *Sedum acre,* mit weitreichender Verbreitung von ganz Europa, Nord-Asien und Nord-Afrika. Mit dazu gehören zahlreiche Varietäten und Gartenformen, fast alle wuchernd, aber trotzdem schön blühend. Nahezu dieselben Verbreitungsgebiete hat *Sedum album,* etwas höher wachsend und lockere, gleichmäßige Rasen bildend. Unterarten, Varietäten und Gartenformen haben den Typ von *Sedum album* (Bild 24) in den gärtnerischen Kulturen nahezu verdrängt. Sehr kleinwüchsig ist *Sedum dasyphyllum.* Seine Heimat liegt in den Schweizer Alpen, dem Balkan und Nord-Afrika. Die beiden Varietäten *glanduliferum* und *suendermannii* sind ebenfalls sammelnswert.

Des öfteren finden sich in Sortimenten *Sedum floriferum* aus Nordost-China, *Sedum kamtschaticum,* ebenfalls aus Ost-Asien, *Sedum spurium* vom Kaukasus und *Sedum reflexum* vom europäischen Kontinent. Es sind vorwiegend gutwüchsige Pflanzen mit schönen Blüten und guter Gruppenwirkung.

Erinnerungen an alte Zeiten ruft *Sedum sieboldii,* das Oktoberle oder Oktobersedum, hervor. Es zierte bereits das Fenster unserer Vorfahren und brachte dann im Herbst an überhängenden Trieben seine rosafarbenen Blüten. Die nur sommergrüne Pflanze kommt aus Japan. Nahe verwandt ist *Sedum cauticolum* mit karminroten Blüten.

Auch die Große Japan-Fetthenne, *Sedum spectabile,* ist nur sommergrün. Sie gefriert im Winter bis auf den Wurzelstock

Bild 24. Interessant auch ohne Blüten: *Sedum stenopetalum* und *Sedum album* (oben), *Sedum spathulifolium* 'Cape Blanco' und *Sedum acre* 'Yellow Queen' (unten) mit attraktiver Frühjahrsfärbung. Foto E. Kleiner

zurück. Höhe 30 — 50 cm, hellrosa blühend. Viele Züchtungen dieser majestätischen *Sedum*-Art bereichern das gärtnerische Sortiment.

Aus den USA kommt vor allem *Sedum spathulifolium,* das Silberspatel-*Sedum.* Mehrere Unterarten und Gartenformen sind äußerst sammelnswert, wenn auch etwas empfindlich gegen Bodennässe und extreme Wechselfröste.

Etwas problematisch ist die Freilandkultur des mexikanischen *Sedum rubrotinctum* (Bild 25). Auch für die ebenfalls aus Mexiko kommenden *Sedum palmeri* und *Sedum stahlii* sind regengeschützte Plätze die Voraussetzung für verlustlose Überwinterung. Diese und weitere Arten aus dem mexikanischen *Sedum*-Sortiment sind im ausgeglicheneren Klima der Britischen Inseln und Dänemark im allgemeinen winterhart, erleiden jedoch im mittleren Europa immer wieder Schädigungen durch extreme Wechselfröste bei gleichzeitigem Feuchtigkeitseinfluß. Nachteilig wirkt sich die Freilandüberwinterung auch

Bild 25. Nur für klimatisch günstige Gebiete ist das mexikanische *Sedum rubrotinctum* zu empfehlen. Die hübsche Pflanze leidet stark unter Winternässe und Wechselfrösten. Foto E. Kleiner

auf die Blüte dieser Pflanzen aus. Als typische Winterblüher, die Blütenbildung wird durch den Kurztag ausgelöst, wird man die meist gelben und wohlriechenden Blüten nur selten erleben dürfen, weil zur eigentlichen Blütezeit in unserem Klima im Garten tiefster Winter herrscht.

Interessante Rhodiola

Früher zählte man die damals bekannten Arten zu *Sedum*. Wenn auch die gärtnerische Verwendbarkeit relativ gering ist, sind es jedoch Pflanzen für den Liebhaber, wie viele andere Freilandsukkulenten auch. In China, Tibet, Afghanistan, den USA, aber auch in Mitteleuropa ist ihre Heimat. Aus meist vielköpfigen, oft rübenartig verdickten Wurzelstöcken kommen steife, aufrechte Triebe bis 30 cm Höhe. Das Sortiment ist groß, leider sind nur wenige Arten erreichbar. Einige Namen: *Rhodiola crassipes*, *Rhodiola kirilowii*, *Rhodiola rhodantha* und *Rhodiola rosea*, wohl eine der schönsten.

Liebenswerte Hauswurzen

Früher waren sie hoch oben auf den Dächern zu Hause. Heute findet man die über 300 namentlich bekannten Arten, Formen, Varietäten und Hybriden der Haus- oder Donnerwurz mehr an heißen und nährstoffarmen Gartenplätzen. Ihre sprichwörtliche Bescheidenheit hat Pflanzen der Gattung *Sempervivum*, wie sie lateinisch heißen, bereits vor Jahrhunderten zu dankbaren und geradezu unverwüstlichen Gartengewächsen werden lassen. Sie entstammen den Gebirgsregionen Europas, Afrikas und Asiens. Nicht selten sind die dickfleischigen Rosetten dankbare Urlaubsmitbringsel, denen — dank ihrer angeborenen Sukkulenz — auch wochenlanger Entzug von Erde und Feuchtigkeit, irgendwo fast vergessen im Reisegepäck, keine Nachteile bringen.

Teilweise sind Semperviven geschützt, es wird deshalb nach dem Auffinden an ihrem Heimatstandort beim Betrachten oder Fotografieren bleiben müssen. Gut sortierte Staudengärtnereien bieten heute eine Vielzahl schönster Pflanzen buchstäblich vor der Haustüre. Es gibt sie als Exemplare mit wenigen Millimetern Durchmesser oder dann als dekorativer Blickfang mit 30 cm Größe. Wer sich eine kleine Sammlung aufbauen möchte, sollte zwischen Mai und Juli die Auswahl vornehmen. In dieser Zeit sind nämlich die Farben der Rosettenblätter am intensivsten (Bild 26), außerdem kann zu dieser Zeit die Blühwilligkeit am besten beurteilt werden. Verästelte Trugdolden mit grünlichen, weißen, gelben, rosa, roten und purpurnen Sternblüten bilden eine wochenlange Zierde. Blütentragende Exemplare gehen nach der Samenreife ein, wobei die vorab meist zahlreich gebildeten Tochterrosetten die Tradition der alten Pflanzen fortsetzen.

Die schönsten Arten

Es ist unvorstellbar, wie viele Hybriden die

bereits schon sehr zahlreich vorhandenen, etwa 300 verschiedenen *Sempervivum*-Arten ergänzen. Der Hybriden-Wirrwarr beginnt teilweise schon am heimatlichen Standort, wo mancher interessierte Bergwanderer auf wenigen Quadratmetern deutlich unterscheidbare Naturhybriden finden kann. Nicht unerheblich ist auch die Zahl der Gartenhybriden, ob beabsichtigt oder rein zufällig entstanden. Viele dieser Pflanzen kamen in die Hände von botanisch Interessierten, wurden zugeordnet und beschrieben und gelangten letztlich auch zu Händlern, die mit neuen Namen für sie Käufer fanden. Damit wurde das Durcheinander noch größer, gerade ernsthafte Sammler resignieren oft an zweifelhaften Benennungen.

Viele Liebhaber der Hauswurzen sammeln deshalb nicht nach Namen, sondern ganz einfach nach der Schönheit der Rosetten, die von wenigen Millimetern bis zu 25 cm Größe reichen. Trotzdem soll nachstehend auf einige schöne Arten hingewiesen werden (Bilder 1, 4, 9, 10, 11, 13, 16, 26).

Relativ kleinrosettig ist *Sempervivum arachnoideum*, die Spinnwebenhauswurz, und ihre zahlreichen Varietäten und Formen. Ihr heimatliches Verbreitungsgebiet reicht von den Pyrenäen über die Alpen und Apeninnen bis zu den Karpaten. In der Wuchsgröße ähnlich und ebenso schon am Heimatstandort sehr variabel ist *Sempervivum montanum*, die Berghauswurz. Man findet sie vorwiegend in den Alpen, in Südwest- und Osteuropa und auch auf Korsika. Interessante Arten sind

Bild 26. Kleine, aber farbintensive Rosetten bringt *Jovibarba sobolifera*, die Kugelsteinrose, an vollsonnigen Plätzen. Foto E. Kleiner

die seltenen *Sempervivum minus* aus der nördlichen Türkei und *Sempervivum pumilum* vom Kaukasus.

Unübersehbar sind die mittelgroßen Formen mit ihrem reichen Farbenspiel der Rosettenblätter. Am bekanntesten ist *Sempervivum marmoreum*, die über ganz Südosteuropa verbreitet ist. Auffallend mit roten Blattspitzen ist *Sempervivum calcareum*, die Rotspitzsteinwurz, lange Zeit als Unterart dem *Sempervivum tectorum* zugeordnet, von den italienischen und französischen Seealpen, auf sehr kalkhaltigem Gestein wachsend. Sehr interessant ist *Sempervivum atlanticum*, die einzige in Afrika beheimatete Hauswurz-Art. Sie kommt vom Hohen Atlas in Marokko. Leider blüht diese Art nur selten in Kultur. Schön behaart zeigt sich *Sempervivum ciliosum* aus Bulgarien, Griechenland und Jugoslawien. Die Rosetten sind kugelig geschlossen. Es ist übrigens eine der wenigen gelbblühenden Arten. Das ebenfalls gelbblühende *Sempervivum wulfenii* ist eine kleine Rarität aus den österreichischen und Schweizer Alpen. Mißerfolge in der Kultur dieser Art beruhen meist auf zu hohem Kalkgehalt im Erdreich. Es lohnt sich deshalb, ein kalkarmes Substrat mit Beimischungen von Gesteinssplitt zur Pflanzung zu verwenden.

Zu den größeren Formen zählen einige Abarten von *Sempervivum tectorum*. Immerhin erreichen sie teilweise einen Durchmesser von über 20 cm. So die weitverbreitete, auch bevorzugt zu medizinischen Zwecken verwendete *Sempervivum tectorum* ssp. *tectorum* mit einem weitreichenden Verbreitungsgebiet von den Pyrenäen bis zum Balkan. Man findet sie vielfach auf Dächern, Mauerkronen und immer wieder als Grabschmuck, vor allem in Voralpenländern. Je nach Standort, Bodenqualität, Nährstoffgehalt, Lichtintensität und Jahreszeit entwickeln sich die Rosetten sehr unterschiedlich. Etwas ähnlich im Aussehen, die Blätter aber mit Drüsenhaaren besetzt, ist *Sempervivum grandiflorum*, die auch unter den Bezeichnungen *Sempervivum gaudinii* und *Sempervivum globiferum* verbreitet wurde. Heimat: südliche Schweiz und Norditalien. Die Rosetten erreichen nicht selten 20 cm im Durchmesser. Ungewöhnlich groß sind auch die Blüten, sie gelten mit 5 cm als größte der ganzen Gattung. Einzigartig schön ist die Blütenfarbe: gold- bis grünlichgelb mit violettpurpurner Basis.

Großrosettige Formen

Nur wenige wissen, daß es neben dem umfangreichen Sortiment der kleinen und mittleren auch auffallend große Wuchsformen gibt, die unter günstigen Wachstumsbedingungen über 20 cm Durchmesser erreichen. Sie sind mit ihren dekorativen Erscheinungsformen, ob einzeln oder in Gruppen gepflanzt, eine wertvolle Bereicherung jedes sonnigen Gartenplatzes.

Eine Auswahl

Die Frage, woher die großrosettigen Semperviven kommen, wird sicher manchen interessieren. Erinnert man sich doch allgemein daran, daß die meisten der in den Gärten zu findenden Hauswurzen vorwiegend klein- und mittelwüchsig sind und nur als alt gewordene, vielrosettige Polster, oft durch ihren Blütenschmuck, zu bemerkenswerten Pflanzen werden. Allerdings: Eine Ausnahme bildete schon immer die äußerst variable *Sempervivum tectorum* mit einigen ihrer Varietäten, deren Rosetten seit alters her als dekorierendes Element für Wegeinfassungen und Grabbepflanzungen dienten. Immerhin erreichen sie unter günstigen Bedingungen Größen bis zu 20 cm. Dazu ließ sie ihre Anspruchslosigkeit zu idealen Ausgangspflanzen für zahlreiche schöne und gerade großrosettige Hybriden werden. In vielen Ländern der Erde, vornehmlich in den USA, in Großbritannien und in der Bundesrepublik Deutschland, bemühten sich namhafte Züchter um eine Verbesserung der bisher bekannten Arten, Varietäten, Formen und bereits vorhandenen Hybriden. Durch Einkreuzung von Pflanzen mit farbintensiven Rosetten entstanden das wirkungsvolle *Sempervivum* 'Commander Hay', eine Hybride mit *Sempervivum marmoreum* 'Rubicundum Ornatum'. Sehr große Rosetten bilden auch *Sempervivum* 'Metallicum Giganteum' (meist als *S.* 'Stahlriese' im Handel), *Sempervivum* 'Rotsandsteinriese' und *Sempervivum* 'Species Sponnier'. Auffallend schön sind nachfolgend genannte *Sempervivum*-Hybriden: *Sempervivum* 'Herkules' (dunkelgrün mit rötlicher Basis), *Sempervivum* 'Monstrosum' (blaugraugrün), Sempervivum 'Othello' (dunkelbraunrot) und *Sempervivum* 'Pseudoornatum' (weinrot), um nur einige zu nennen, die teilweise bis zu 25 cm im Durchmesser erreichen. Es ist abzusehen, daß das derzeitige Sortiment in den kommenden Jahren noch um manche sammelnswerte Züchtung bereichert wird.

Standort und Pflege

Alle Semperviven sind Pflanzen für sonnige und mit Steinen dekorierte Gartenplätze. Besonders wirkungsvoll wachsen sie etwas überhöht an Hangpartien, den sogenannten Steingärten. Steine dekorieren nicht nur und dienen als wertvolles Stützelement, sondern sorgen auch dafür, daß die Pflanzen rundum farbintensiv und gleichmäßig gedeihen.

Es ist kein Geheimnis: Die Wachstumsgröße der Semperviven wird vom Nährstoffgehalt der Pflanzerde entscheidend beeinflußt. Genauso wie die Kultur in mageren Böden die Entwicklung der Rosette hemmt, kann andernteils ein Überangebot wuchsbetonter Dünger die Schönheit in Form und Farbe nachteilig beeinflussen. So werden nicht selten mit Stickstoffpräparaten überdüngte Hauswurzen die Opfer extrem kalter und vor allem schneeloser Winter.

Als individuelle Pflanzerde ist ein Gemisch aus scharfem Sand, Lehm, Gartenerde und Torf zu empfehlen, welches je nach Situation schwerer oder leichter zubereitet wird. So wird man beim Bepflanzen typischer Steingärten wasseraufnahmefähigere, also mehr torfhaltige und lehmige, und in flachen Beeten durchlässige, d.h. mehr sandige und kiesige Erden verwenden. Es lohnt sich, jeder Hauswurz eine Prise organischen Düngers mit in das Pflanzloch zu geben.

Dies bedeutet über ein ganzes Jahr hinweg gesundes Wachsen bei intensiver Färbung.

Ideale Pflanzzeit für alle Semperviven ist das Frühjahr von Ende März bis Mitte Mai.

In diesen Wochen lassen sie sich auch problemlos durch allgemein reich gebildete Tochterrosetten des Vorjahres vermehren.

Hauswurzähnliche Gattungen

Den Semperviven ähnlich, ebenso der Familie der Crassulaceae zugehörig, sind die für den Liebhaber von Freilandsukkulenten nicht unbedeutenden Arten der Gattungen *Jovibarba* (Bild 9), *Orostachys*, *Rosularia* und *Sempervivella*. *Jovibarba* ist durch die Kugelsteinrose, in Großbritannien: Henne-und-Küken-Hauswurz, *Jovibarba sobolifera*, bekanntgeworden. Sie ist ein typischer Kalkflieher, blüht jedoch auch unter optimalen Verhältnissen äußerst selten. Allgemein verbreitet sind *Jovibarba heuffelii* und *Jovibarba hirta*, deren Heimat im östlichen Europa liegt. Die erstgenannte Art kommt bis weiter nördlich vor und erreicht in den Mittelgebirgen um Archangelsk, UdSSR, das Weiße Meer.
Die Gattung *Orostachys* ist in den Katalogen und Sortimenten von Staudengärtnern vorwiegend durch die Sternwurz, *Orostachys spinosus*, vertreten. Ihre Heimat ist Ostasien. Interessant ist die zwischen Sommer und Winter stark veränderte Rosette. Die gelben Sternblüten lassen lange auf sich warten.
Das Dickröschen, wie man Pflanzen der Gattung *Rosularia* landläufig nennt, ist auch unter der Bezeichnung *Umbilicus* bekannt. Die gut ein Dutzend Arten kommen überwiegend aus Kleinasien. Sie wachsen in dichten Gruppen und blühen gelblich-weiß oder rötlich. Am bekanntesten sind *Rosularia aizoon*, *Rosularia libanotica* und *Rosularia pallida*.
Einen trockenen Winterstandort benötigen die zwei bekanntesten Arten der Gattung *Sempervivella*, der Himalaja-Hauswurz, *Sempervivella alba* und *Sempervivella sedoides*. Man erkennt sie leicht unter den Semperviven, weil ihre Tochterrosetten an langen, fadendünnen Trieben hängen.

Agaven als Ganzjahresschmuck

Es ist kaum zu glauben, aber einige Vertreter der Agaven sind absolut winterhart (Bild 27). Am bekanntesten ist *Agave megalacantha*. Sie kommt aus Mexiko und wird bis etwa 30 cm groß. Im Jugendstadium sieht sie der weitverbreiteten, nicht kälteresistenten *Agave americana* täuschend ähnlich. Jungpflanzen akklimatisieren sich leicht und bilden bei 10 cm Durchmesser seitliche Tochterrosetten, auch Kindel genannt, mit bereits eigenen Wurzeln. Dadurch läßt sie sich leicht vermehren, wobei dieser Nachwuchs aus dem eigenen Garten besonders widerstandsfähig ist und kaum winterliche Probleme bringt.
Derartige Jungpflanzen sind den unter Glas herangezogenen in jedem Fall vorzuziehen.
Ebenso willig sprossen die als winterhart zu bezeichnenden Varietäten von *Agave utahensis*. Wenn auch noch nicht alle dieser Pflanzen auf ihre absolute Wintertaug-

lichkeit geprüft wurden, sollte man trotzdem bei diesen Namen aufmerksam werden. Von den Varietäten *eborispina, kaibabensis* und *utahensis* liegen immerhin beste Erfahrungen vor. Allerdings sind tiefgründige Dränage und winterlicher Regenschutz erforderlich.
Eine weitere bekannte Art ist die bis 50 cm groß werdende *Agave parryi*. Man findet sie oft in Samenangeboten der Händler. Die Aussaat erfolgt in feingesiebter Kakteenerde bei konstanter Feuchtigkeit und wechselnden Temperaturen zwischen Tag und Nacht. Es ist ratsam, winterharte Agaven erst im zweiten Jahr nach der Aussaat in den Garten zu pflanzen. Bis dahin überwintert man die Sämlinge an hellen Fensterplätzen bei 0—5 °C.
Mit Agaven kommt ein weiterer Hauch Exotik in das Freilandsukkulentenbeet. Eines jedoch muß man bedenken: Die besten Erfolge erzielt man mit in unserem Klima vorkultivierten Pflanzen. Alles, was vorher jahrelang in temperierten Glashäusern gezogen wurde, erleidet früher oder später, vor allem unter dem Einfluß der Winternässe, den Kältetod.

Bild 27. *Agave megalacantha*, dekorativ und robust in Pflanztrögen und Rabatten nahe dem Haus, im Winter etwas gegen Nässe geschützt. Foto E. Kleiner

Bezaubernde Lewisien

Nicht sehr lange in Privatgärten bekannt sind die zahlreichen Arten der *Lewisia* oder Bitterwurz. Sie kommen ebenso wie die winterharten Opuntien und einige *Sedum*-Arten aus Nordamerika. Wenige Arten wurden in Mittelamerika, in Guatemala und Mexiko, gefunden.

Die Systematik der Lewisien sei nur kurz erwähnt. Nach Roy Elliot wird die Gattung in drei Sektionen unterschieden: Cotyledon, Pygmae und Rediviva. Daraus jedoch Rückschlüsse auf die Kultur der Pflanzen entnehmen zu wollen, wäre allerdings falsch, da die nicht wenigen Ansprüche der Pflanzen ineinander übergehen und spontan nicht immer leicht nachvollziehbar sind. Empfohlen werden können vor allem zahlreiche Hybriden, da sie wesentlich widerstandsfähiger und leichtblühender sind als die Arten. Mehr Gartenwert haben auch die immergrünen, die als weiteres Merkmal von den laubabwerfenden Arten unterschieden werden. Alle Lewisien sind absolut winterhart, der größte Feind ist jedoch Nässe, vor allem für die immergrünen Arten und Hybriden zur kalten Jahreszeit. Individuelle Standorte in Hausnähe oder Regenschutz sind unbedingt Voraussetzung für erfolgreiche Langzeitpflege.

Bild 28. *Lewisia columbiana* var. *rupicola* ist im Mai/Juni mit Blüten geradezu überschüttet. Zusammen mit blühfreudigen *Lewisia*-Hybriden, *Sedum spathulifolium* 'Cape Blanco' und farbintensiven *Sempervivum marmoreum* 'Rubicundum', der Mahagoni-Steinwurz in der Tonschale, bringt sie viel Farbe in diese mit Holz und Steinen naturnah gestaltete Gartenecke. Foto H. Fuchs

Empfehlenswerte Arten

Immergrüne Rosetten hat *Lewisia cotyledon* aus verschiedenen Landesteilen Kaliforniens. Sie ist sehr robust, eignet sich auch für extreme Standorte in Trögen, Kästen, Mauerfugen und mit Kies abgedeckten Steingärten. Die Variabilität dieser Art

brachte zahlreiche Formen hervor, die ausnahmslos leicht- und schönblühend sind. Weiß, gelb, rosa oder lachsfarben, oft gestreift, sind die vorherrschenden Blütenfarben. Äußerst langblühend ist *Lewisia cantelovii*, ebenfalls aus Kalifornien. Sie beginnt im Mai, die letzten Blüten erblühen oft im September. Leider ist diese Art kaum zu erhalten. *Lewisia columbiana* (Bild 28) ist dagegen weitaus bekannter. Ihr heimatliches Verbreitungsgebiet reicht von Britisch-Kolumbien bis in die arktische Zone. Demzufolge ist die Widerstandsfähigkeit groß, der Pflegeaufwand geringer. Die Blütenfarben sind weiß, gelb, rosa und purpurn. Öfter angeboten wird *Lewisia tweedyi* mit ähnlichen Blütenfarben. Sie entstammt felsigen Bergrücken Washingtons und liebt etwas mehr Humus in ihrer Pflanzerde.

Laubabwerfende Lewisien werden im allgemeinen als empfindlicher eingestuft. Trotzdem gibt es Arten, die als sammelwürdig angesehen werden können. Vor allem *Lewisia brachycalix* aus einigen Südstaaten der USA mit weißen Blüten zählt dazu. Kalkliebend ist *Lewisia maguirei* aus Nevada mit weißen oder hellrosa Blüten. Unverwüstlich ist *Lewisia nevadensis*, die in ihrer Heimat, den Gebirgswiesen des San Bernadino Kaliforniens und in Colorado, einzigartige Blütenteppiche bildet. Die weißblütige Art läßt sich leicht aus Samen vermehren. Genannt werden soll noch *Lewisia rediviva*, felsigen Böden der südlichen USA entstammend, mit rosa, selten weißen Blüten. Bei durchlässigem Boden und Schutz vor Herbstnässe eine langlebige Pflanze, die sich oft selbst aussät. Nur für kurze Zeit wirft *Lewisia congdonii* ihr Laub ab. Sie ist mit einer letztendlichen Wuchshöhe von bis 50 cm und 10 cm langen Blättern die bisher größte entdeckte *Lewisia*.Sie wächst in der Sierra Nevada auf steilen Felsen zwischen Moos gegen Nordwesten. Die Blüten sind weiß an vielverzweigten Blütenständen.

Hybriden sind dankbarer

Wie bereits erwähnt, nehmen die Hybriden unter den Lewisien bei Freunden dieser Pflanzen eine bevorzugte Stellung ein. Namen wie 'George Henle', 'Weald Strain', 'Orange Zwerg', 'Feuerrad', 'Feuervogel', 'Flammenspiel', 'Jean Turner', 'Pinkie', 'Sunset Strain' und 'Sunhort Strain' gehören zu dem Riesensortiment und sind heute vermehrt in in- und ausländischen Spezialkatalogen von Spezial- und Staudengärtnern zu finden. Auch Samen, z.B. von 'Sunset Strain', werden da und dort angeboten. Die Samen benötigen Frosteinwirkung und keimen nach einer Aussaat an winterkalten, aber trockenen Plätzen, z.B. in überdachten Pergolen, Kalthäusern, im Dezember bereits Anfang März.

Einige Pflegetips

Lewisien kommen vorwiegend aus Bergregionen. Sie wachsen meist in Höhen um 1500 Metern, wobei wenige Arten Ausnahmen bilden. *Lewisia cotyledon* 'Caroll Watson', vermutlich eine Naturhybride aus den Siskiyou Mountains, mit gelber Blüte findet sich in nur 600 m Höhe. Eine in Mittelamerika beheimatete Art, *Lewisia megarhiza*, kommt beim mexikanischen Vulkan Popocatepetl bis in Höhen um 3000 m vor. Gebirgswiesen, Plätze zwischen Felsen und Geröll bilden die Umgebung für die meisten Arten. Bevorzugte Lagen sind in Nordwest-Richtung. Im nördlichen Europa lassen sie sich ohne weiteres in vollen Südlagen kultivieren. Im Weinbauklima des mittleren Europa bieten sich für die immergrünen Arten etwas absonnige Plätze an, zumindest unter lichten Sträuchern und Bäumen. Klimatische Besonderheiten sind auch hier der Schlüssel zum Erfolg. So können zu hohe Sommertemperaturen bei gleichzeitig voller Sonne bei einigen Arten Schädigungen hervorrufen. Blattabwerfende Arten sind gegen Wetterextreme während der Vegetationszeit wesentlich unempfindlicher. Dagegen muß man bei ihrer Pflanzung berücksichtigen, daß sie nur während der wärmeren Jahreszeit ihre Rosettenblätter tragen, in den restlichen Monaten also kahl sind und dann nur unbedeutenden Dekorationswert haben.

Immergrüne Lewisien werden gerne mit winterharten Kakteen und Semperviven kombiniert. In Gesteinsspalten, bei Trokkenmauern in Fugen, vielleicht durch oben überstehende Steine geschützt, fühlen sie sich wie zu Hause. Im Kalthaus entfalten besonders nässeempfindliche Arten ihre volle Schönheit. Dort ist übrigens auch die Blütezeit um Wochen früher. Was sonst im Garten hauptsächlich ab April/Mai erblüht, kann unter Glas bereits im März in voller Blüte stehen.

Der Großteil der Lewisien liebt Erden von leicht sauerer Reaktion. Alkalische Böden verursachen Fäulnis, sind Wegbereiter für pilzliche Krankheiten und auch für die mangelnde Ausbildung des Chlorophylls, der Chlorose, verantwortlich. Deshalb sollte man bereits bei der Herstellung der Pflanzerde einige Sorgfalt verwenden. Sand, Lehm, Torf und Garten- bzw. Lauberde zu gleichen Teilen gemischt erfüllt nahezu alle Wünsche. Zu Beginn der Vegetationsperiode sind Düngegaben mit Präparaten, wie sie auch für Kakteen und andere Sukkulenten Verwendung finden, angebracht.

Der Wurzelhals der Lewisien ist der empfindlichste Teil der ganzen Pflanze. Man bettet ihn deshalb in Granitsplitt, Lava, Bims- oder Bohnenkies.

Neben der Vermehrung durch Samen ist vor allem die Anzucht aus Blattstecklingen erwähnenswert. Dazu werden unterste Blätter abgedreht und in ein Sand/Torf-Gemisch schräg eingesteckt. Bis auf *Lewisia tweedyi* eignet sich hierfür der Herbst, ihre Blattstecklinge treiben im zeitigen Frühjahr sehr bald aus der Abrißstelle neue Pflänzchen hervor. Alte Pflanzen von Lewisien bringen teilweise sehr willig Seitentriebe, die als Stecklinge behandelt werden und in kürzester Zeit zu erwachsenen Pflanzen werden. Als günstigste Zeit für den Stecklingsschnitt gelten die Monate April bis Juni.

Mittagsblumen bringen Farben

Man kennt sie als winterharte Mittagsblumen und meint damit einige polsterbildende Arten, die in den letzten Jahren vorwiegend durch Staudengärtnereien verbreitet wurden. Die bekannteste Art ist *Delosperma cooperi* aus dem Oranje-Freistaat in Südafrika. Sie gefriert leider in manchem Winter, oft aus unerklärlichen Gründen, zurück, stirbt dann ab oder erholt sich nur mühsam. Hierbei sind Tiefsttemperaturen nur zweitrangig, milde Winter schaden oft mehr als extrem kalte und Nässe mit Wechselfrösten. Es ist deshalb sinnvoll, im Spätsommer einige Triebteile abzutrennen, in Töpfe oder Schalen zu pflanzen und dann an kühlen Plätzen zu überwintern. Im Frühling in den Garten gebracht, ergeben auch kleinste Jungpflanzen quadratmetergroße Polster. Die in nährstoffreichen Böden etwas wuchernde Art ist mit ihren karminroten Strahlenblüten von Mai bis Oktober ein leuchtender Blickfang im Steingarten, Treppenaufgang oder einfach dort, wo begrünt werden soll. Die blütenschöne Afrikanerin ist ein Magnet für Insekten. Bienen, Hummeln und Schmetterlinge zählen zu unermüdlichen Blütengästen.

Nicht so lange, aber dennoch bezaubernd blüht *Delosperma dyeri*, fälschlicherweise als *Delosperma lineare* verbreitet. Sie bleibt gedrungen und klettert über Steine und Mauern oder schmiegt sich fest an die Erde. Die Blüten kommen im Juni in leuchtendem Gelb, vereinzelte Nachblüten bis zum Herbst sind möglich. Diese Art ist sehr hart und zeigt auch nach Extremwintern keine Schäden. Heimat: Alice-District, Kapland.

Als weitere Art kann *Delosperma sutherlandii* aus Transvaal, Natal, genannt werden. Aus einem rübenförmigen Wurzelstock kommen alljährlich im Frühling handlange Sommertriebe. Die Blüten sind bis 7 cm groß, hellrosa mit gelber Mitte.

Bild 29. Quadratmetergroßer Blütenteppich von *Delosperma cooperi* am Treppenaufgang. Foto E. Kleiner

Kaum bekannt ist *Delosperma aberdeenense* aus der südafrikanischen Karroo-Region. Vor allem in Hausnähe vermehrt sie sich durch Selbstaussaat. Die 1,5 cm großen Blüten sind purpurrot und erscheinen in den Monaten Juni und Juli sehr zahlreich. Eine winterliche Glasabdeckung schützt die kleinen Polster vor zuviel Nässe.
Gerade die üppig wachsenden Mittagsblumen (Bild 29) sind wie geschaffen für Randbepflanzungen und zur Begrünung von Trockenmauern. Sie befestigen mit *Sedum*-Arten auch steilste Hänge und bringen dazu herrlichste Blüten. Alle strauchigen Arten werden vorzugsweise durch leicht verholzte Triebteile vermehrt, die nach kurzer Abtrocknungszeit zwischen März und September, unter Glas auch zur übrigen Zeit, bewurzelbar sind.
Es ist abzusehen, daß gerade unter den Mittagsblumengewächsen in den kommenden Jahren noch manche sehr harte, vielleicht auch winterharte Art entdeckt wird. Der unendliche Artenreichtum der Mesembryanthemaceae birgt sicher noch manche Pflanze für den Freilandsukkulentengarten.

Kakteen als Lebenskünstler

Blütenschöne Opuntien

Ihre Heimat ist der nordamerikanische Kontinent. Schon ihrer Herkunft nach können sie Kälte und viele von ihnen auch die für unser Klima zahlreichen, über das ganze Jahr verteilten Niederschläge ertragen. Dies ist erstaunlich, denn einige der bei uns winterharten Feigenkakteen wachsen in ihrer Heimat an Standorten, wo jährlich nur etwa 100 mm Regen fällt (Arizona). Zum Vergleich: In Süddeutschland liegt das langjährige Jahresmittel bei etwa 750 mm.
Wer an Kakteen und anderen Sukkulenten Gefallen gefunden hat, kann sich auch an diesen Garten-Opuntien begeistern. Mit ihren rosenähnlichen, teilweise duftenden, bis 10 cm großen Schalenblüten sind sie bei entsprechender Artenauswahl über viele Wochen hinweg ein dekorativer Blickfang (Bild 30). Gerade in den blütenarmen Wochen zwischen Ende Mai und Mitte Juli bringen sie Blüten in Weiß, Gelb, Orange, Rot bis Purpurn, manchmal mehrfarbig und einfach oder halbgefüllt an jeden Sonnenplatz. Sonne können sie nämlich nie genug bekommen. Deshalb sind Plätze in nach Süden gelegenen Steingärten, Rabatten, Pflanztrögen, Balkonkästen die idealsten Standorte. Das Gießen besorgt im allgemeinen der Regen. Nur bei tagelanger Hitze sollte man am Abend überbrausen, möglichst mit Wasser, welches tagsüber in einer Gießkanne an sonniger Stelle gestanden hatte, also richtig warm ist. Düngergaben in 14-tägigem Abstand von Anfang Mai bis Ende Juli sorgen für gesunde und reichblühende Pflanzen.

Die schönsten Arten

Als widerstandsfähigste Opuntien im Sinne mitteleuropäischer Winter gelten etwa 50 Arten. Als härteste Pflanzen gelten die bis zum 53. Grad nördlicher Breite (Peace River in Kanada) vordringende *Opuntia polyacantha*, die noch in Ontario zu findende *Opuntia humifusa* sowie die teils farbenprächtigen Blüher *Opuntia fragilis*, *Opuntia rhodantha* und *Opuntia rutila* (alle aus südlicheren, bis 3500 m hohen Gebieten). Dekorativ und üppig wächst die äußerst variable *Opuntia phaeacantha*. Sehr hart und unverwüstlich sind *Opuntia arenaria*, *Opuntia armata*, *Opuntia engelmannii* mit einigen Varietäten, *Opuntia howeyi*, *Opuntia hystricina*, *Opuntia juniperina*, *Opuntia pollardii*, *Opuntia sphaerocarpa* und *Opuntia tortispina*, die in ihrer Heimat teils Temperaturen bis −25 °C aushalten müssen. Nicht zu vergessen die der *Opuntia humifusa* sehr ähnlichen, deshalb systematisch umstrittenen *Opuntia compressa* und *Opuntia rafinesquei* mit gelben, oft rotschlundigen Blüten.

Die Verbreitungsgebiete dieser vorwiegend auf Hochebenen und Felsregionen wachsenden Feigenkakteen dehnen sich häufig bis zu einer Länge von 2000 km aus und entsprechen in vielen Fällen den Vogelfluglinien. Durchziehende Vögel ernähren sich von den meist auffällig gefärbten Früchten. Sie tragen damit wesentlich zur Verbreitung bei. Wo verschiedene Arten zusammentreffen, entstehen leicht natürliche Hybriden, deren Eltern kaum noch zu erkennen sind und damit oft zu Falschbenennungen als Art führen. Überhaupt hat man die kultivierten Opuntien

Bild 30. Eine der schönsten aus dem Sortiment der winterharten Feigenkakteen: *Opuntia hystricina*. Foto E. Kleiner

seit den zwanziger Jahren häufig miteinander gekreuzt. Dadurch ist eine große Anzahl beachtlicher Hybriden mit bekannten Sortennamen entstanden.

Eine wertvolle Ergänzung zu den vorstehend genannten Feigenkakteen bilden einige Vertreter aus der nächsten Verwandtschaft. Völlig unempfindlich selbst gegen Winternässe sind *Maihuenia patagonica* und *Maihuenia poeppigii* aus den Kordilleren von Chile und Argentinien, leider nur selten gelb blühend. Ihre Standorte reichen bis an die Schneegrenze. Die Jahresniederschlagsmenge z.B. von *Maihuenia poeppigii* beträgt im Mittel 920 mm. Weiter kann noch *Tephrocactus darwinii* genannt werden. Er wächst unter ähnlichen Bedingungen bis an die Südspitze Feuerlands (50. Grad südlicher Breite).

Nicht ganz so unverwüstlich, jedoch an geschützten Lagen mit etwas Regenschutz, also »trockenen Füßen«, recht dauerhaft ist *Austrocylindropuntia verschaffeltii*. Dann *Cylindropuntia imbricata* und *Cylindropuntia whipplei*. Dazu noch einige typische »Ohren-Opuntien«: *Opuntia grandis*, *Opuntia occidentalis* und *Opuntia procumbens*.

Kaum Pflege

Wie schon vorstehend angedeutet, sind die harten Vertreter der Kakteen-Unterfamilien Pereskioideae und Opuntioidaea mit *Platyopuntia* sehr anspruchslos. Man achte auf Unkraut und allzu sehr wuchernde Nachbarpflanzen. Aber aufgepaßt beim Jäten: Hier sind Dornen und die hinterlistigen Glochidien zu Hause! Im Garten immer wieder aufkommende Schädlinge, wie Blattläuse und Schnecken, werden im allgemeinen nur den Knospen und Neutrieben gefährlich. Trotzdem heißt es aufpassen!

Als ideale Pflanzzeit für Feigenkakteen gelten die Monate April, August und September. In Containern bzw. Töpfen kultivierte Pflanzen können auch während der anderen Monate, sofern der Boden nicht gefroren ist, gepflanzt werden. Auf das Beimischen von Torf zur Pflanzerde sollte verzichtet werden. Die ausgeprägte Fähigkeit, jede Art von Feuchtigkeit aufzunehmen und zu speichern, führt leicht zu Wurzelverlusten bei langanhaltendem Regen und während der kalten Jahreszeit.

Kleine Kugel- und Säulenkakteen

Zur Bereicherung des sehr harten Sortiments tragen auch einige Vertreter kugeliger und kleinsäuliger Gattungen bei. So *Pediocactus bradyi* mit Varietät *knowltonii* und *Pediocactus simpsonii*, alle aus den USA. Dann der im Süden Argentiniens beheimatete *Pterocactus skottsbergii*.

Dazu gibt es viele oft von ihren Pflegern verweichlichte Kakteen, die nach entsprechender Vorkultur erhebliche Kältegrade vertragen. Aussaaten von Samen des heimatlichen Standorts bringen meist spontan die Winterhärte. Doch sie lieben im Winter unbedingt Trockenheit. Im Gegensatz zu den robusten Arten können sie sich unter dem Einfluß von Feuchtigkeit nicht selbst auf die kalte Jahreszeit vorbereiten, sie würden ohne unsere Mithilfe erfrieren.

Aus dem großen Sortiment der Echinocereen vertragen etliche Arten unsere Tiefsttemperaturen. So die im Grenzraum zwischen den USA und Mexiko verbreiteten *Echinocereus baileyi*, *E. coccineus*, *E. fendleri*, *E. hempelii*, *E. mojavensis*, *E. purpureus*, *E. reichenbachii*, *E. triglochidiatus* und *E. viridiflorus*, beide mit einigen Varietäten.

Coryphantha vivipara (Bild 31) dringt bis

Britisch-Kolumbien in Kanada vor. Die Varietäten *aggregata*, *arizonica*, *neomexikana* und *radiosa* sind ebenso hart. Bewährt hat sich auch *Coryphantha chlorantha* mit der Varietät *desertii*, einer sehr dicht bedornten Pflanze. Ähnlich ist die umkombinierte *Escobaria missouriensis* var. *robustior* (früher: *Neobesseya wissmannii*) aus Mitteltexas. Ebenfalls willige Blüher sind *Escobaria missouriensis* var. *caespitosa* (früher: *Neobesseya similis*) und *Escobaria missouriensis* (früher: *Neobesseya missouriensis*), als die Art. Alle diese Kakteen kommen zum größten Teil in steppenartigen Gebieten mit heißen, trockenen Sommern und strengen Wintern (bis −30 °C) bei sehr unterschiedlichen Niederschlagsmengen vor. Sehr interessant ist *Sclerocactus whipplei*, der auf sandigen, steinigen und lehmigen Böden wächst und in Arizona, Colorado und Utah bis in 2500 m Höhe vorkommt.

Doch damit ist die Auswahl noch längst nicht abgeschlossen. Viele harte Kakteen in ihrer Heimat bedürfen noch der Entdekkung für unser Ganzjahresklima. Sicher ist, daß in den kommenden Jahrzehnten noch mancher Kaktus in das winterharte Sortiment aufgenommen werden kann.

Wie schon an anderer Stelle erwähnt, sind trockene Winterplätze für diese Arten äußerst wichtig. Überdachungen aus durchsichtigen Materialien, seitliches Abschirmen nach Norden und Osten und stark mineralische Erden sind bedeutende Vorteile. Die weitere Pflege ist denen der anderen winterharten Kakteen gleichzusetzen.

Bild 31. Unbedingt trockene Winterplätze benötigen diese *Coryphantha vivipara* mit ihren Varietäten. Foto E. Kleiner

Nachbarn für Freilandsukkulenten

Einjährige Blattsukkulenten

Sie müssen nicht Lückenbüßer in der Gartensukkulentenecke sein. Vielfach pflanzt man sie nach den Eisheiligen, vom Gärtner oder selbst vorgezogen, einzeln oder gruppiert in sonnige Rabatten oder Steingartenpartien. Es sind wenige, aber nicht minder schöne und gerngesehene Gäste aus Südeuropa, Südafrika und Südamerika.

Leider nur selten werden Samen des *Sedum caerulum*, dem Blauen Mauerpfeffer, angeboten. Es ist übrigens die einzige blaublühende *Sedum*-Art. Ihre Heimat sind Süditalien und Sardinien. Die kleinen sternförmigen Blüten stehen auf bis 15 cm hohen Pflanzen und sind blau mit weißer Mitte.

Bekannt ist das einjährige Mittagsblümchen, *Dorotheanthus bellidiformis*, aus Südafrika. Über kleinen verzweigten Kräutern mit lanzettlichen Blättern kommen meist ab Juni die nur bei voller Sonne sich öffnenden Blüten mit einem Farbenspiel ohne Ende: weiß, gelb, orange, rosa, rot, purpurn in allen Variationen und auch mehrfarbig.

Das Portulakröschen, *Portulaca grandiflora*, ist in Argentinien und Brasilien zu Hause. Diese wohl dankbarste Einjahrs-Sukkulente (Bild 32) ist als Sämling wie auch im Blühstadium sehr unempfindlich, auch gegen wochenlangen Regen zur Sommerszeit. Die einfach und gefüllt blühenden Pflanzen zeigen etwa dasselbe Farbenspiel wie die Mittagsblume. Großblumige Züchtungen mit Blüten bis zu 6 cm

Bild 32. Eine äußerst dankbare, einjährige Sukkulente ist das Portulakröschen *Portulaca grandiflora*. Foto E. Kleiner

Durchmesser bereichern neuerdings das Sortiment.

Alle diese drei einjährigen dickblättrigen Gewächse entwickeln sich an warmen, sonnigen und trockenen Plätzen am schönsten. Man kann sie Anfang Mai an Ort und Stelle aussäen. Lohnender ist jedoch die Vorkultur am Zimmerfenster, im Frühbeet oder Kleingewächshaus. Dadurch erhält man bis zur Maimitte, möglichst einzeln in Töpfe pikiert, kräftige Pflanzen, die bald zur Blüte kommen. Als Aussaaterde eignet sich ein Sand/Torf/Erde-Gemisch, welches jedoch nicht zu feucht gehalten werden darf. Keimtemperatur: 18 bis 20 °C.

Sukkulente Sommergäste

Hiermit ist die große Schar der Kakteen und anderen Sukkulenten gemeint, die, weil nicht kälteresistent, nur während der wärmeren Jahreszeit ihren Platz im Freien haben. Die Auswahl ist riesengroß. Oft dient der Sommerplatz im Garten dazu, einige am Fenster mit den Jahren zu groß gewordene Dickblattgewächse wenigstens für einige Monate der beengten Umgebung zu entreißen. Und dies mit Erfolg, denn die meisten dieser Pflanzen entwickeln sich im sommerlichen Garten ausgezeichnet. Viele werden dort eigentlich erst so, wie wir es uns wünschen: Gutgewachsen, reichblühend und nahezu schädlingsfrei.

Für andere wieder ist der Garten ein regelmäßig wiederkehrendes Sommerquartier für alle sukkulenten Pflanzen, die Jahr für Jahr etwas Exotik an bevorzugte Plätze bringen. Der Steingarten, ein Beet am Hauseingang, der geräumige Pflanztrog und vieles mehr können von Mai bis Oktober ein würdiges Zuhause bieten. Und dies meist samt Pflanzgefäß, einer Schale, einem Topf oder Kübel. Die Pflanzen werden mit ihrem Gefäß immer vollständig in die Erde eingesenkt, der Ästhetik wegen. Mit der kalten Jahreszeit wird alles wieder ausgegraben und in frostfreien Räumen überwintert. Das temperierte Gewächshaus, der Keller und ein nicht zu kaltes Treppenhaus sind Standorte, wo die nichtharten Sukkulenten einem neuen Sommer entgegenschlummern.

Selbstverständlich sind derartige Pflanzen gern gesehene Gäste im Kreise der Freilandsukkulenten. Man pflanzt sie mit ihrem Pflanzgefäß am besten dort ein, wo das Einsetzen nicht zu viel Mühe macht: im Randbereich. Alles, was den Winter über abgestorben und unschön geworden ist, wird entfernt, eine Dusche mit angewärmtem Wasser entfernt den Winterstaub. Gegen die allzu kräftige Frühjahrssonne legt man am besten eine Schattiermatte oder einen alten Vorhang darüber. Dadurch werden Verbrennungen der Pflanzenoberhaut verhindert, die bei allen Sukkulenten als häßliche Flecken immer sichtbar bleiben.

Die Sommerpflege dieser Pflanzen ist äußerst gering. Bei Gelegenheit werden sie mitgedüngt, natürlich mit speziellen Sukkulentendüngern. Nur bei längerer Trokkenheit sind sie für Gießwasser empfänglich, ansonsten besorgt dies der Regen. Meist im Oktober wird eingeräumt, die inzwischen sicher wieder prächtig entwikkelten Kakteen und anderen Sukkulenten kommen an ihren angestammten Platz im Haus. Zuvor wird nach Schädlingen gesucht, die sich irgendwo versteckt haben könnten. Vor allem Schnecken werden leicht eingeschleppt und verursachen dann am Überwinterungsplatz, lange Zeit unbemerkt, ihre Fraßschäden.

Was eignet sich nun alles zur Partnerschaft mit Freilandsukkulenten? Eigentlich alles, was mit den Sommerlaunen unseres Wetters keine Probleme hat. Feigen- und Säulenkakteen, die blütenschönen *Echinopsis*- und *Epiphyllum*-Hybriden. Von den anderen Sukkulenten viele Arten der Gattungen *Aeonium*, *Agave*, *Aloë*, *Echeveria*, *Euphorbia*, *Lampranthus* und *Sedum*.

Oft entwickeln sich derartige Pflanzen den Sommer über zu richtigen Freudebringern. So schön, daß man sie nur ungern aus der Einfütterungserde nimmt (Bild 33). Doch der nahende Winter ist der Prüfstein für diese nicht winterharten Vertreter der Sukkulentenfamilie. Wer überleben will, muß sich anpassen können. Diese Pflanzen können es nicht. Deshalb werden die exotisch wirkenden Freilandsukkulenten immer eine kleine Minderheit bleiben.

Gräser und Stauden

Die eigenwillige Welt der Gartensukkulenten verlockt geradezu, Pflanzen mit ebenso interessantem Aussehen und ähnlichen Ansprüchen in ihrer allernächsten Umgebung anzusiedeln. Vor allem sind es Gräser, Palmlilien und typische Blütenstauden in kleinen und mittleren Wuchsformen, nur so groß eigentlich, daß sie den Gesamteindruck der sukkulenten Pflanzen nicht stören, im Gegenteil ergänzen oder abrunden.

Farblich abgestimmte Gräser

Vor allem der Blauschwingel, *Festuca glauca*, mit seiner blaugrauen Färbung und unerreichten Dauerwirkung paßt gut hierher. Seine kompakte Form erlaubt auch die Verwendung als Einfassungspflanze des Sukkulentenbeets. Besonders schön sind die Sorten 'Blaufink', 'Blaugut', 'Blausilber' und 'Frühlingsblau' in nächster Nähe von Steinen und farblich abgestimmten *Sedum*- und *Delosperma*-Arten. Etwas mehr Platz benötigt das Lampenputzergras, *Pennisetum compressum*, mit dekorativen Blütenständen. Kaum in den Gärten bekannt sind die Arten der Seggen mit dem lateinischen Namen *Carex*. Gut ein halbes Dutzend von ihnen sind ideale Pflanzen für den sonnigheißen Steppengarten. Doch was wäre der sonnigste Gartenplatz ohne das Pampasgras, *Cortaderia selloana*. Mit seinen

Bild 33. Recht exotisch wurde dieser Teil meines Gartens gestaltet: Zu winterharten Sukkulenten und blütenschönen Stauden gesellen sich sukkulente Sommergäste wie großwerdende Feigen- und Säulenkakteen. Foto E. Kleiner

CACTUS-RANCH

eleganten, überhängenden Blättern und den im Herbst erscheinenden Wedeln in Silber und Rosa benötigt es jedoch viel Platz, ist aber am Rande einer räumlich nicht beengten Anlage zusammen mit Chinaschilf- und Bambus-Arten ein würdiger Abschluß. Auch im Winter, denn wenn die sukkulenten Gewächse in Schnee und Eis versinken, sind diese Pflanzen immer noch überragend und damit äußerst dekorativ.

Majestätische Palmlilien

Sie zählen zu den wichtigsten Partnern der Freilandsukkulenten. Ihre Heimat ist das südliche Nordamerika. Bei uns sind einige Arten wesentlich winterfester als vielfach angenommen wird. Vor allem stammlose Arten, z.B. *Yucca filamentosa* und *Yucca flaccida*, bilden in wenigen Jahren große Horste und blühen willig mit bis zu 2 Meter hohen Blütenständen, besetzt mit weitglockigen, weißen Blüten. *Yucca glauca* besitzt niederliegende Stämme mit stark absplitternden »Fäden« an den Blatträndern. Die Blütezeit liegt zwischen Juni und August. Meist erst im Spätherbst blüht *Yucca glauca* var. *stricta*, eine der wenigen winterharten Yuccas mit aufrechtem Stamm. Eine kleinwüchsige Palmlilie ist *Yucca baccata*. Sie kann auch gut in Tröge gepflanzt werden. Weitere Hybriden der erstgenannten Arten und einige nässeempfindliche Yuccas runden das bei wenigen Staudengärtnern vorrätige Angebot ab.

Unendlich viele Staudenpartner

Wo Steine in einen Garten, ob klein oder groß, integriert werden, kommt sofort der Gedanke an ein Bepflanzen mit Kleinstauden aus den Gebirgen unserer Erde. Denn sie sind es, die auch mit vielen Freilandsukkulenten in guter Nachbarschaft leben. Das Sortiment ist groß, die nachfolgenden Namen können nur eine kleine Auswahl sein (Bild 34).

Für wenig Platz eignen sich Arten des Mannsschild, voran die kleinwüchsige *Androsace sempervivoides*. Hübsch ist die Marokko-Kamille, *Anacyclus depressus* und *Andryala agardhii*, zwei Korbblütler. Von der Gänsekresse können *Arabis androsacea* und *Arabis bryoides* genannt werden. Dazu kommen kleinwüchsige Grasnelken, wie *Armeria caespitosa* und die noch kleinere Sorte 'Bevans Variety', Glockenblumen mit den Arten *Campanula raineri* und *Campanula tommasiniana*. *Dryas tennella* und *Dryas octopetala* 'Minor' vertreten die Gattung der Silberwurzen. Zwergige Nelken, so *Dianthus alpinus*, *Dianthus simulans* und *Dianthus subacaulis*, sind nur wenige der gut ein Dutzend empfehlenswerter Arten. Dazu paßt ein Hungerblümchen, *Draba bryoides*, und eine Art des Schafsteppich, *Raoulia hookeri*, aus Australien. Von den Kugelblümchen ist *Globularia nana* erwähnenswert. Krustige Saxifragen (= Steinbrech-Arten) bilden hübsche Rosetten. Empfehlenswert sind *Saxifraga callosa*, *Saxifraga* cochlearis, *Saxifraga paniculata* und *Saxifraga cotyledon*. Bezaubernd sind kleinbleibende Strohblumen aus Südafrika: *Helichrysum milfordiae*. Aus dem Asternsortiment eignet sich *Aster natalense*. Auch eines der Katzenpfötchen *Antennaria dioica*. Eine niedere Distelart ist die Silberdistel, *Carlina acaulis*. Höherwachsende Arten, wie die Eberwurz, *Carlina vulgaris*, und die *Eryngium-*, *Echinops-* und *Morina*-Arten gehören mehr in den Hintergrund. Etwas üppig wird meist der Thymian. Es gibt durchweg wohlriechende Sorten des *Thymus serpyllum*, die gerne übermütig von Steinen herunterwachsen. Fingerkräuter, so die beiden *Nana*-Sorten von *Potentilla alba* und *Potentilla tabernaemontani*, und Stachelnüßchen, vor allem der 'Kupferteppich' von *Acaena microphylla*, können empfohlen werden. Niedere *Iris* blühen zur blütenarmen Zeit zwischen Frühling und Sommer: *Iris arenaria*, *Iris lacustris* und *Iris pumila*. Auch Enzian-Arten fühlen sich neben Freilandsukkulenten wohl. Am schönsten sind *Gentiana acaulis*, *Gentiana angustifolia* und *Gentiana verna*. Doch damit sind die Empfehlungen noch längst nicht zu Ende. In den Sortimenten der Staudengärtnereien wartet noch manche interessante Pflanze auf ihre Liebhaber.

Ganz kurz sollen noch Blumenzwiebeln genannt werden, denen die Trockenheit und Wärme eines Sukkulentenbeetes optimal bekommt. Genannt werden können zwergige *Allium*-Arten, die zeitig im Jahr blühenden *Crocus-*, *Chionodoxa-*, *Muscari-* und *Narcissus*-Arten. Wilde Tulpen, wie *Tulipa hulilis* und *Tulipa pulchella,* eignen sich ebenfalls. Große Gruppen bildet die einmal am Rande des Sukkulentenbeets gepflanzte Steppenkerze, *Eremurus*, deren sternförmige Wurzelknollen majestätische Blütenkerzen bringen.

Bild 34. Freilandsukkulenten harmonieren mit unendlich vielen Gartenstauden. Hier wurde eine der zahlreichen Felsen- oder Steinnelken zum Partner für *Sedum kamtschaticum*. Foto E. Kleiner

Wer will, kann den Sukkulenten mitsamt ihren Partnern zum guten Schluß noch einige Zwerggehölze dazugesellen. Leider sieht manche dieser Jungpflanzen in ihrem Mini-Container zu Anfang recht manierlich aus. Viele angebliche Zwergge-

hölze entpuppen sich aber mit den Jahren als großwüchsig und eignen sich dann selbstverständlich nicht mehr für das kleine Platzangebot. Nachstehend einige kleinbleibende Koniferen: *Abies balsamea* f. *hudsonia*, *Cedrus libani* 'Nana', *Chamaecyparis plumosa* 'Compressa', *Picea abies* 'Echiniformis', *Picea glauca* 'Conica Laurin', *Pinus cembra* 'Pygmaea' und *Taxus* 'Pygmaea'.
Von den blattragenden Zwerggehölzen können empfohlen werden: *Ceanothus prostratus*, *Cytisus ardoini*, *Daphne cneorum* 'Pygmaea' und *Daphne striata*, *Genista villarsii*, *Hebe bidwillii*, *Jasminum parkeri*, *Pimelea prostrata* und *Salix herbacea*. Doch auch Rosen brauchen hinter diesen vielen Namen nicht zurückzustehen. *Sedum*- und *Delosperma*-Arten als Unter- bzw. Flächenpflanzung, dazu Lavendel und dazwischen farblich abgestimmte, nicht zu hoch wachsende Rosen sind eine bezaubernde und duftende Variante zu allen herkömmlichen Pflanzvorschlägen.

Monatlicher Arbeitskalender

Die nachfolgenden Hinweise sollen das Freilandsukkulentenjahr übersichtlich und verständlich machen. Sie sind vor allem für den Neuling unter den Freilandsukkulentenfreunden gedacht. In kurzer Form werden die wichtigsten Arbeiten genannt, die zum guten Gedeihen und Blühen erforderlich sind. Je nach klimatischen Voraussetzungen und den Witterungsverhältnissen wird man mit den anfallenden Arbeiten früher oder später im Jahr beginnen können.

Januar
Eis und Schnee sind im Garten zu Hause. Die langen Winterabende bieten dem Liebhaber der Freilandsukkulenten Gelegenheit, längst fällige Arbeiten nachzuholen: Farbdias und Fotos sichten, unbekannte Pflanzen bestimmen und mit Namen versehen, Fachliteratur lesen, Samen für weitere Aussaaten vorbereiten oder bestellen und einfach Kataloge durchsehen, wieweit interessante Pflanzen angeboten werden. Überhaupt können zahlreiche Angebote in Fachzeitschriften über Bedarfsartikel und Zubehör manchen Wunsch in Erfüllung gehen lassen.

Februar
Noch kann man sich in aller Ruhe auf einen

neuen Sommer vorbereiten. Im Garten herrscht nach wie vor tiefster Winter. An Sonnentagen das Kalthaus gründlich belüften. Durchsicht der Gartengeräte auf Funktionstüchtigkeit. Hobbybastler fertigen in diesen Wochen Pflanzkästen und weitere Behältnisse zur Aufnahme von Freilandsukkulenten.

März
Mit dem nahenden Frühling kann nun die Pflanzerde vorbereitet werden. Bei frostfreiem Wetter erste Pflanzungen vornehmen. Abdeckungen, d.h. Nässe- und Sonnenschutz, von empfindlichen Freilandsukkulenten entfernen.

Beste Aussaatzeit für Kakteen, Agaven und einjährige Sukkulenten am Zimmerfenster oder im Warmhaus. Lewisiensämlinge aus Dezemberaussaat pikieren. Zum Monatsende: Vorsichtiges Angießen im Kalthaus.

April
Hauptpflanzmonat für alle Freilandsukkulenten. Abgestorbene Triebe von herbstblühenden *Sedum*, z.B. *S. sieboldii* und *S. spectabile*, entfernen. Beste Zeit für Stecklingsschnitt, Teilung und Abnahme von Tochterrosetten. Neupflanzungen bei sehr sonnigem Wetter schattieren und öfter überbrausen.

Mai
Alle Pflanzen sind im Wachstum, manche blühen bereits. Nicht sparen an Nährstoffen, vor allem für Kakteen-, Lewisien- und *Delosperma*-Arten. Kakteensämlinge pikieren. Kälteempfindliche und einjährige Sukkulenten können zur Monatsmitte in das Freie gebracht bzw. gepflanzt werden.

Juni
Hauptblütezeit. Düngerempfängliche Freilandsukkulenten nicht hungern lassen. Auf Schädlinge achten. Warmes Wetter beschleunigt die Vermehrung von Blattläusen, Schnecken und Spinnmilben.

Juli
Die Arbeiten vom Juni fortsetzen. Zwischen der Beschäftigung mit den Pflanzen auch einmal an die eigene Erholung denken. Einfach einmal mit diesen Lebenskünstlern unter den Pflanzen richtig ausspannen. Fotografieren nicht vergessen!

August
In Töpfen oder Schalen gut bewurzelte, also vorkultivierte Freilandsukkulenten können ab sofort wieder gepflanzt werden. Düngen einstellen, Abschlußdüngung mit Superphosphat o.ä. Blühdünger.

September
Abgeblühte Teile von *Sedum* und *Sempervivum* entfernen. Im Kalthaus letzte Schädlingsbekämpfung durchführen.

Oktober
Beste Zeit für Blattstecklingsvermehrung nahezu aller Lewisien. Ab Monatsmitte Wassergaben im Kalthaus reduzieren. Sukkulente Sommergäste in das Überwinterungsquartier bringen.

November
Im Kalthaus alle Pflanzen nun absolut trokken halten. Wer Samen von Opuntien ernten will, sollte die Pflanzen mit Schutznetzen vor Vögeln schützen. Eventuell Fichten-, Tannen- oder Kiefernreisig auf gefährdete Pflanzen legen. Samen von *Maihuenia* und *Tephrocactus* (= Frostkeimer) können direkt in den Garten oder in die im Freien aufgestellten Schalen oder Kästen ausgesät werden.

Dezember
Samenernte bei Opuntien. Beste Aussaatzeit für Lewisien im Kalthaus, auch erste Kakteenaussaaten können am warmen Fenster oder Warmhaus vorgenommen werden.

Treffpunkt für Freilandsukkulentenfreunde?

Leider gibt es den noch nicht. Dafür scharen sich viele deutschsprachige Liebhaber dieser Pflanzen um die folgenden Gesellschaften:

Deutsche Kakteen-Gesellschaft e.V.
Klosterkamp 30
D-2860 Osterholz-Scharmbeck

Gesellschaft Österreichischer Kakteenfreunde
Nikolaus-Heid-Str. 35
A-2000 Stockerau

Schweizerische Kakteen-Gesellschaft
Im Kleeacker 6
CH-4108 Witterswil

Ihre allmonatlich erscheinende, gemeinsame Zeitschrift »Kakteen und andere Sukkulenten« ist auch zum Thema Freilandsukkulenten ein internationales Bindeglied zwischen Experten und Laien, Fortgeschrittenen und Anfängern. Wer Interesse am Bezug dieser Zeitschrift hat, wende sich an die vorstehend genannten Geschäftsstellen.

Darüber hinaus können Bezugsquellen für diese Pflanzen beim »Bund deutscher Staudengärtner« unter der Anschrift

Bildungsstätte des Deutschen Gartenbaus
Gießener Straße 47
D-6310 Grünberg 1

angefordert werden.

Sachregister

Die halbfetten Ziffern verweisen auf Abbildungen